U0319103

亚纳米孔道中分子碘与水的结构研究

陈双龙　李欣　著

本书数字资源

北　京

冶 金 工 业 出 版 社

2024

内 容 提 要

本书以典型、常见的碘分子和水分子为例，研究了限域于磷酸铝分子筛亚纳米孔道中碘与水的结构及其转变。内容包括分子筛限域碘样品的制备与表征、限域碘分子在极端高压和温度条件下的结构转变与可逆行为研究、吸附于分子筛中水的氢键结构探究及其高压调控。

本书中涉及气相法制备纳米限域体系材料、拉曼光谱分析测试、红外光谱分析测试和高压科学技术，可供分子光谱学研究领域和高压科学领域的研究人员参考学习。

图书在版编目（CIP）数据

亚纳米孔道中分子碘与水的结构研究／陈双龙，李欣著 . —北京：冶金工业出版社，2024. 1
ISBN 978-7-5024-9711-8

Ⅰ. ①亚…　Ⅱ. ①陈…　②李…　Ⅲ. ①纳米材料—研究　Ⅳ. ①TB383

中国国家版本馆 CIP 数据核字（2024）第 004163 号

亚纳米孔道中分子碘与水的结构研究

出版发行	冶金工业出版社	电　话	（010）64027926
地　址	北京市东城区嵩祝院北巷 39 号	邮　编	100009
网　址	www.mip1953.com	电子信箱	service@ mip1953.com

责任编辑　于昕蕾　卢　蕊　美术编辑　吕欣童　版式设计　郑小利
责任校对　李欣雨　责任印制　窦　唯
三河市双峰印刷装订有限公司印刷
2024 年 1 月第 1 版，2024 年 1 月第 1 次印刷
710mm×1000mm　1/16；7 印张；116 千字；99 页
定价 49.00 元

投稿电话　（010）64027932　投稿信箱　tougao@cnmip.com.cn
营销中心电话　（010）64044283
冶金工业出版社天猫旗舰店　yjgycbs.tmall.com
（本书如有印装质量问题，本社营销中心负责退换）

前　言

　　对物质结构的探究是进一步认识物质性质进而开发其潜在应用的重要基础。对于常见的块体材料，除了自身的化学组分外，其所处的外部压强和温度环境也是重要参量，它们都能够独立地影响物质的结构和性质。

　　压强作为一个基本物理条件，可以有效缩短原子间距、增加相邻电子轨道的交叠程度，从而改变物质的晶体结构、电子能带结构和原子间的相互作用，发生压强导致金属化、分子解离和原子相等新的物理现象。温度会改变物质内部的分子、原子等的运动状态，当温度高（或者低）到某一数值时，物体内部分子、原子原有的运动规律将会被打破，这使分子或者原子出现重组，进而改变物质的内部结构，影响物质的宏观性质。因此，外部高压和高温条件对于物质科学研究具有特殊的重要性。

　　研究物质在高压及超高压条件下的结构、性质及其变化规律的学科称为高压科学。高压科学是一门新兴的、正在飞速发展的基础学科，是人类认识自然及打开未知科学世界大门的钥匙。近几十年，物质在高压、高温等极端条件下的行为研究已经取得重大的科学突破，在物理、化学、生命科学、地学、行星科学、新能源材料和国防等领域发挥着重要的作用。

　　通常情况下，由于纳米尺寸效应，纳米级结构的物质展示出与相应体相物质完全不同的新结构和新性质。比如，一维的原子、分子链结构具有导电性能，在量子传输、微电子器件等领域有潜在应用。如何操控原子、分子，获得一维的链状结构并进一步对其结构和物性进行调控将是一个重要的研究课题。

由于皮尔斯不稳定性，孤立的一维原子分子结构不稳定。近年来，科研人员将原子与分子引入具有纳米孔洞的材料中，利用纳米空间的限域效应，可以获得稳定存在的一维链结构。将高压等极端条件与限域效应相结合，探究一维纳米限域体系中物质的结构变化是一个全新的科研领域。目前，研究限域空间中的物质在极端条件下的结构变化是一个基本科学问题。该项研究可能获得限域于纳米空间内物质的全新结构相变规律，加深对纳米限域体系独特的结构和物理性质的认识，也将为获得全新的纳米材料提供新思路。

磷酸铝分子筛 AEL 和 AFI 具有一维亚纳米孔道，是理想的限域模板材料。本书选择了分子碘和水为研究对象，并对限域于纳米空间中物质结构的转变展开了研究。这两种分子间的作用力具有代表性，碘分子代表分子间具有弱的范德华作用力的一类分子，水分子代表分子间具有氢键的一类分子。

碘分子是卤族元素单质的代表，其在高压下有丰富的结构相变，从分子相到非公度相再到原子相，其中伴随着金属化的转变。由于一维纳米空间的限域作用，限域碘的常压结构完全不同于体相碘，纳米空间中的碘以一维碘链和孤立碘分子形式存在。其中孤立碘分子包括沿轴向的碘分子和垂直于轴向的碘分子。通过高压和变温手段，可以操控碘分子的取向。在高压压缩下，分子筛骨架收缩，碘分子沿着孔道轴向排列，形成碘链；低温下，碘分子倾向于以能量低的沿轴向的形式存在。水是自然界最常见的物质之一，是生命生存的重要资源。水分子之间的氢键作用对其结构有重要影响。限域于纳米空间中的水在蛋白质折叠、薄膜中离子运输和药物传递等诸多过程中发挥着重要作用。因此，对限域水的结构和动力学行为的研究意义重大。研究发现，限域于磷酸铝分子筛 AEL 中的水分子以水低聚物、配位水、类液态水和类冰状水形式存在。在外部高压作用下，孔道空间收缩，水分子将向配位数低的结构转变。本书的内容清晰地展示了磷酸铝分子筛孔道中碘、水分子的结构组成和在极端条件下的转变行为，相关研究不仅有助于理解纳米限域体系中主客体相互作用，而且为认识限域环境下物质新结构和新性质奠定了基础。

本书作者陈双龙主要负责1~5章的撰写，李欣主要负责6、7章的撰写。

由于作者水平所限，书中难免有不妥之处，恳请读者批评指正。

作　者

2023 年 10 月

目　　录

1 绪 论

1.1 碘 的 发 现

1811 年，法国人库尔图瓦将硫酸与海草灰溶液混合后发现紫色气体，这种气体冷凝后形成带有金属光泽的结晶体，这就是人类最早发现的碘。碘元素位于化学元素周期表中的第ⅦA族，是卤族元素之一。碘的元素符号是 I，相对原子质量是 126.90447。碘在自然界中的含量是稀少的，海洋生物如海鱼、海带等动植物具有富集碘的能力，因此含碘量较高；陆地上的土壤岩石中则含碘量低微。碘分子 I_2 由两个碘原子构成。常温常压下，碘分子通过弱的相互作用形成碘单质晶体。稍升高温度，碘就升华为红色碘蒸气，并伴有刺激性气味。碘可以溶解在某些溶剂中，如二硫化碳、乙醇和四氯化碳等。单质碘的化学性质没有同族氟、氯、溴单质活泼，但在特定环境下也能与某些金属和非金属反应。碘对动植物的生命极其重要，是人类必需的微量元素。此外，碘及其化合物在生物医药、制造染料和摄影等领域有重要应用。

1.2 碘的高压研究

压强作为一种极端条件，是改变物质结构和性质最为有效的手段。在微观层面上，压强缩短物质内部原子之间的距离、增加电子云交叠程度和影响能带结构等，进而在宏观上改变物质的结构和物理化学性质等。对高压下凝聚态物质的研究，特别是高压金属化相变的研究一直以来都是科学研究的重要课题，其中双原子分子氢、氮、氧、碘等的金属化更为人们所重视[1-4]。氢金属化的理论预言早就有报道，但是实验上并未得到证实。卤族元素单质与分子氢有许多相同的地方，将展示出极为相似的金属化转变机制[5-6]。因此，研究卤族元素的高压行为，不仅有助于理解这种物质的高压结构转变，还将有助于进一步了解氢的绝缘体——

金属相变过程和转变机制。

在常温常压下，碘形成层状分子晶体，是底心正交结构，空间群是 *Cmca*。早在 1959 年，Suchan 等就报道过压强对碘等物质的吸收边的相关研究。研究发现，外压作用下吸收边红移，即碘的能隙随着外压增加而减小[7]。高压电学的发展使人们能够测量外压作用下碘的电学性质的变化。常压下碘晶体 *b* 轴方向的电阻比 *ac* 平面方向的电阻大一万倍。外压增加，碘的电阻快速减小几个数量级。在压强为 16 GPa 时，*b* 轴方向的电阻-压强曲线斜率突然改变，超过 16 GPa 后，电阻开始具有金属特性。而在 *ac* 平面方向，斜率在约 22 GPa 出现变化，此时碘晶体从半导体性向金属性转变。也就是说，在 16 GPa 到 22 GPa 之间，碘在一个方向是半导体，在另一个方向是金属，这和石墨很相似[8-11]。更高压强下，每个方向都展示出金属性。对碘的金属化现象存在两种可能的解释：其一，碘保持分子晶体，导带和价带重叠导致金属化；其二，碘分子分解成原子，出现未满的导带使碘金属化[11]。这种有趣的金属态碘内部结构的确定受到人们的关注[12-13]。Drickamer[14] 和 Kabalkina[15] 等进行了碘的高压 X 射线衍射研究，但是由于衍射信号的问题，并没有得到金属态碘的最终结构。1978 年，Shimomura 等对金属碘的高压结构作了精确的判定[16]。在 20.6 GPa 时，金属碘仍然保持与常压相同的结构，碘以分子的形态存在。这说明金属化出现在碘的分子相中，发生金属化的过程中没有碘分子的分解。可以得出结论：碘的金属化是由能带交叠引起的，绝缘相—金属相的转变不伴随着晶体结构的转变。进一步增加压强，碘分子分解成碘原子，晶体结构可能接近面心正交结构[4,17-19]。高压拉曼光谱研究中，碘分子天平振动在 15 GPa 以后发生软化现象，这是分子分解的预兆[20]。Natsume 和 Suzuki 的理论计算也表明，碘的分子相金属态是源于带隙的闭合，即带交叠金属态；而更高压下碘的原子相金属态，价带被部分填充，是空穴金属态[21]。

随着高压科学技术和同步辐射技术的进一步发展，Takemura 等通过 X 射线衍射实验发现碘在 21 GPa 是一个简单高压相（相Ⅱ）。随后，他们确定这种新的高压相是罕见的体心正交结构，空间群为 *Immm*，相变伴随着体积减小约 4%[4]，即金属化碘发生由正交的分子晶体到原子晶体的转变。1986 年，Fujii 等的高压 X 射线衍射实验表明，体心正交相原子晶体碘在高压 45 GPa 转变为面心四方相原子晶体（相Ⅲ），空间群为 *I4/mmm*[22]。相转变时体积没有发生不连续变化，这说明此时发生的是二阶相变。继续加压，面心四方相原子晶体碘在 55 GPa 转变为面心立方结构（相Ⅳ），空间群为 *Fm-3m*[23]。相变压强点附近晶体体积发生突变，减小 1.8%，属于一级相变。这是在双原子分子晶体的研究中首次观测到面心立方结构。1994 年，Reichlin 等将超高压技术与光反射和 X 射线衍射技术相结合，详细研究了碘的超高压行为[24]。衍射实验指出，面心立方结构的金属化碘稳定到实验所达到的最高压 276 GPa。同时，他们理论计算的 p-V 数据与实验上得到的一致。光学反射实验显示碘从 19 GPa 到最高压 181 GPa 一直保持金属特性。这拓展了人们对超高压下碘的认识。

在这段时间内，碘在高压与低温下电学特性的研究取得许多进展[25-28]。金属化碘的电阻随着温度的降低而减小。温度低于 20 K，电阻基本不随温度变化。Shimizu 等对碘的电学特性做了详细的研究[27-28]，发现分子相金属化碘随着温度降低（小于 10 K）而电阻增加，像半导体一样；而金属化碘（28 GPa）在 1.2 K 展示出超导特性。金属化碘的超导转变温度 T_c 随着外压增加而降低，当碘转变到面心立方相时 T_c 又升高。碘的超导转变对人们认识金属氢的超导转变有重要指导作用。

虽然 X 射线衍射实验已经表明碘在 21 GPa 分解成体心正交原子相结构，但是通过穆斯堡尔谱和拉曼光谱却得到有争议的结果，有人认为碘在 15~30 GPa 有中间相存在[5,29]。2003 年，Takemura 等发现碘分子分解过程中会形成一种具有非公度调制结构的中间相（24.6~30 GPa）。这个非公度相（相 V）的平均结构为面心正交结构。进一步加压，面心正交结构就接近体心正交结构[30]。高压拉曼光谱中观测到的碘的振幅模式是这个非公度结构所产生的[5]。在先前的拉曼光谱研究中，人们早就发现在碘分子分解之前拉曼光谱中就出现两个新的振动峰 X 与 Y，这一直以来都没有得到合理的解释[5,29,31-32]。2008 年，Zeng 等通过理论方法预测到在 I 相与 V 相之间存在一个新的 I′相，此相中存在两种不同键长的碘分子，单斜结构，空间群为 $C2/m$[33]。I′相可以看成是扭曲的相 I，其与相 I 共存的区间是 12.5~23.5 GPa。这样就很好地解释了新峰 X 与 Y 的出现。经过多年的探索研究，人们对碘的丰富的高压结构相变和金属化特性有了深入的理解。

1.3 限域于一维孔道中碘的研究

1.3.1 限域于碳纳米管中碘的研究

近年来，对低维纳米材料的制备与结构性质的研究吸引了人们极大的科研兴趣[34-42]。一维原子分子链这种结构特殊、应用前景广阔的材料受到科学家们的广泛关注。早在 1998 年，科研人员就在超高真空条件下利用扫描隧道显微镜成功制备出金原子链[43-44]。此金原子链悬浮于电极之间，约有 1 nm 长，并展示出优异的量子电导特性，然而金原子链只能稳定存在约 2 min。这种低的稳定性大大阻碍了人们对其研究的深入。因此，操纵原子分子，获得更长、更稳定的原子分子链是十分必要的，将为探索这种原子分子链的特性及充分发挥其潜在的应用价值奠定重要基础。

自 1991 年 Iijima 首次发现碳纳米管以来，这种中空管状碳材料就迅速得到科学界的极大关注[45]，其在气体储存、场发射和催化等领域有重要应用[46-53]。由于纳米孔道材料的准低温效应和准高压效应[54-55]，掺杂在碳纳米管限域空间中的元素会形成许多常温常压下少见的新结构[56-58]。此外，填充物与碳管之间的电荷转移显著改善了碳管的量子运输性质[59]。碳纳米管的一维孔道结构可以限制孔道中的原子排列，指导填充物沿孔道轴向生长，这样碳管内就形成了一维长纳米结构材料。同时，包裹在外面的碳纳米管像是一个剑鞘，对孔道内的一维纳米结构产生保护作用。碳纳米管既起到模板导向作用，又起到保护壳的作用，这使孔道中的一维纳米结构能够稳定存在。碳纳米管凭借这些优点成为一种制备长原子分子链的模板材料[60-63]。

1998 年，Grigorian 等利用熔融法首次将碘掺入碳纳米管间隙中[64]。拉曼光谱研究表明，碘与碳管之间存在电荷转移，以带电的离子链 I_3^- 和 I_5^- 的形式存在。Fan 等的扫描透射电子显微镜图像却发现在已开口的直径为 1.36 nm 的碳纳米管中，碘形成双螺旋链结构[65]。随后，Guan 等用高分辨率电子显微镜技术详细研究了不同管径的碳管孔道中碘的结构[66]。随着管径增加，孔道中的碘形成单链、双链、三链以及晶体结构的碘。这是首次报道了通过管径调节一维限域碘结构的文章，如图 1-1 所示。然而，Bendiab 等结合 X 射线衍射和中子衍射实验研究，判定碘离子链主要位于管内部；而比较实验与理论计算谱线，作者认为碳纳米管间隙中也存在碘离子链[67]。显然，碳纳米管作为限域模板材料存在缺点：第一，由于合成技术水平有限，碳管的直径不均匀分布，这使限域于碳管孔道中碘的结构不均一；第二，碳管容易聚集形成管束，管间隙中也有碘的存在[67-68]；第三，碳纳米管束无序混乱以及管壁上有许多缺陷等。这些原因都会对研究利用碳纳米管为模板制备长而稳定的一维碘链结构产生巨大障碍。因此，寻找具有均匀管径的一维孔道结构的限域模板材料成为迫切需要解决的问题。

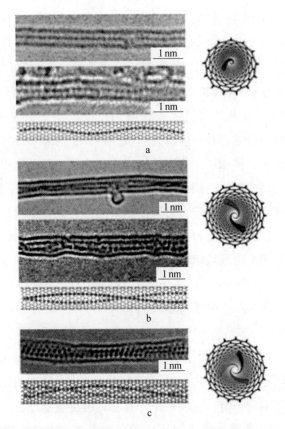

图 1-1 碳管中碘螺旋链高分辨率电镜图像及结构示意图

a—碘单链；b—碘螺旋双链；c—碘螺旋三链

1.3.2 限域于分子筛中碘的研究

分子筛是多孔的无机化合物，由 TO_4（T 为 Si、Al、P、Ga、Ge 等）四面体连接形成开放骨架结构，某些分子筛孔道中还存在金属阳离子，以平衡晶体中的局域负电荷。分子筛具有规则而均匀的纳米孔道结构，孔道取向单一，且孔径与分子尺寸相当，具有气体吸附、分离等性质[69-71]。由于结构上的独特性，分子筛成为研究一维纳米限域的理想模板材料。科研人员们早就以 Mordenite、Zeolite A 等为模板，研究纳米限域环境下的氧族元素 S、Se、Te。拉曼光谱、近边吸收、电镜等方法被用来探究氧族元素在其中的结构[72-73]，如 Poborchii 等的拉曼光谱研究就表明限域于磷酸铝分子筛中的硒以螺旋链和八元环的结构共存[74]。最早记录的分子筛限域碘研究的文章可以追溯到 1967 年 Seff 对吸附碘分子的 Zeolite 5A 结构研究的报道[75]。脱水的 Zeolite 5A（$Ca_4Na_4Al_{12}Si_{12}O_{48}$，立方相，$Pm3m$）

每个原胞吸附约 5.65 个碘分子，且碘分子最有可能以 $\bar{3}$ 点群排列存在。由于当时分析手段的局限性，作者很难分析出碘的确切结构。1996 年，Wirnsberger 选用孔洞尺寸相近且具有不同孔道维度的 decadodecasil 3R（DDR）、silica-ZSM-22（TON）、silica-ferrierite（FER）和 silicalite-1（MFI）详细研究孔道维度对限域碘的结构性质的影响[76]。紫外可见吸收光谱和拉曼光谱研究表明，在零维孔中，碘以类气态状碘分子形式存在；一维孔道中，碘分子沿着一维方向作用，形成链状结构；二维孔道中，碘以两种不同结构形式存在，一种是孤立的碘分子，另一种是碘链结构；三维孔道中，碘则主要以分子间更强作用的液态状碘形式存在。文章指出改变限域空间几何形态，可以控制碘的排列以及连续调节碘纳米结构的电子性质。这为主客复合功能材料的研究与应用奠定了基础。近年，利用有机超分子材料形成的分子筛对限域碘的研究也取得巨大进展。Hertzsch 等将碘引入有机分子筛 tris（o-phenylenesioxy）cyclotriphosphazene（TPP）一维孔道中，指出碘分子以一维链状的形式存在。电学实验表明，TPP·y I$_2$ 复合材料在沿碘链方向具有优异的电导性质[77]。

2006 年，Ye 等首次将碘分子引入一维圆孔道 [0.73 nm×0.73 nm] 的磷酸铝分子筛晶体 AlPO$_4$-5（AFI）中[78]。研究发现，一维孔道中的碘可以形成沿孔道轴向的 I$_3^-$ 离子链和碘分子链。这项工作开启了利用磷酸铝分子筛研究一维限域碘的新热潮。随后，Ye 等通过传统加热和激光加热的方法研究温度对纳米限域空间中碘的结构的影响[79]。升高温度能够促使孔道中的碘由链状结构向游离碘分子相转变，并且这种结构转变具有可逆性。纳米限域空间中碘的结构转变研究使人们耳目一新，丰富了人们对碘结构转变的认知，为人们在纳米尺度操纵控制碘分子提供了一种有效的方法。Zhai 等利用偏振拉曼光谱研究限域于一维椭圆孔道的磷酸铝分子筛 AlPO$_4$-11（AEL）中碘的排列[80-81]。限域碘的结构与碘的填充浓度紧密相关。当孔道中的碘浓度低时，碘以平行和垂直孔道轴向的碘分子形式存在；而当碘的浓度增加，孔道中平行轴向碘分子"手牵手"形成碘分子链结构。随后的分子动力学研究表明[82]，继续增加孔道中碘分子的数量，碘分子之间的相互作用和分子筛孔道的限制作用使碘分子垂直孔道轴向"肩并肩"排列，最终形成一维的碘分子带状结构，如图 1-2 所示。但是，由于实验中碘的填充浓度有限，一直没有在实验室观测到碘分子带的存在。Hu 等的研究还发现 AEL 分子筛孔道中的水分子对碘分子的取向有重要影响[83]。水分子与分子筛孔道的双重限制使碘分子垂直孔道轴向排列，降低了水分子含量，碘分子则更倾向于平行孔道

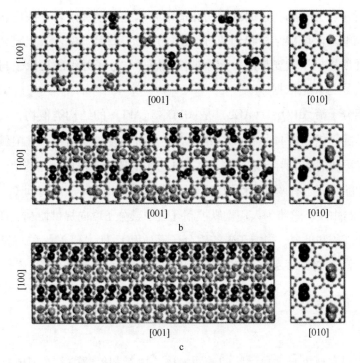

图 1-2 AlPO$_4$-11(AEL) 孔道中不同碘填充浓度下碘的结构示意图

a—低碘浓度；b—中碘浓度；c—高碘浓度

轴向排列。利用水分子可逆控制限域碘的取向将在未来的纳米功能器件上有潜在应用。最近，Yao 等率先将高压技术与偏振拉曼光谱结合，对 I@AFI 限域体系展开了研究[84]。外压作用调节碘所处的限域环境，分子筛骨架收缩迫使碘分子沿孔道轴向排列，促进长碘分子链结构形成，如图 1-3 所示。这种压强作用下限域碘由碘分子到碘链的结构转变，为人们提供了一种制备一维长碘链的有效方法。

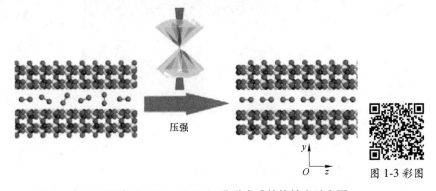

图 1-3 彩图

图 1-3 高压下限域于 AlPO$_4$-5(AFI) 孔道中碘结构转变示意图

综上所述，分子筛孔道的维度、孔道中碘填充浓度和水分子浓度、环境温度和压强都能够对限域碘结构起到调节作用，这为人们后续深入认识限域空间中碘的结构与性质提供了重要帮助，为操纵控制原子与分子并编织长原子与分子链结构提供了指导与理论依据。

磷酸铝分子筛 $AlPO_4$-11（AEL）是 $AlPO_4$-5（AFI）的结构类似物，具有一维平行排列的椭圆孔道 [0.44 nm×0.67 nm][85-86]。研究发现，两种一维限域环境中的碘分子具有不同的动力学行为。在 AFI 圆孔道中的碘分子可以自由转动；而在 AEL 椭圆孔道中的碘分子有两种最优取向，并且只能在（101）面内转动[80-82]，相当于失去了一个自由度。这将为人们操纵控制孔道中碘分子取向提供便利。那么在极端条件下，如高压和低温，限域于磷酸铝分子筛 $AlPO_4$-11（AEL）一维椭圆孔道中的碘会展示出怎样的结构变化，这将是值得深入研究的重要问题。

1.4　水 的 介 绍

水在常温常压下是无色无味的透明液体，由氢和氧两种元素组成，其化学式是 H_2O。水是自然界中最常见的物质之一，广泛分布于江、河、湖、泊、极地冰川、大气和地下等地方。如图 1-4 所示，地球上绝大部分水为海水，淡水资源仅

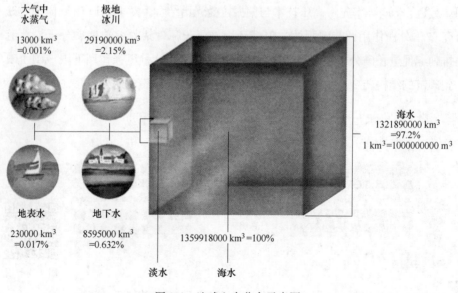

图 1-4　地球上水分布示意图

占不到 3%。水是生物体最重要的组成部分，是生命生存的重要资源。由于其在物理、化学、生物和医学领域的重要科学地位，水一直以来都受到科研人员的极大关注[87-90]。

1.5 水的高压研究

研究发现，水的许多结构性质与其复杂的氢键结构紧密相关。据笔者所知，水的氢键结构对外部压强与温度非常敏感。因此，极端条件下冰的结构研究变得非常有趣。自从 1912 年 Bridgeman 首次利用高压手段对水的相图进行研究，水及冰的相转变研究就成为一个受到广泛关注的科研课题。到目前为止，人们研究发现由于水分子氢键结构排列不同，水存在至少 15 种晶体结构和 3 种非晶结构。

常见的水以气态、液态和固态（冰 I_h）三相的形式存在。冰 I_h 中位于中间的水分子与近邻 4 个水分子形成氢键，4 个氧构成四面体结构，如图 1-5 所示。除了常见的六角冰 I_h，水蒸气在低温下凝结还会形成立方冰 I_c[91]。Mayer 等报道利用快速冷却（小于 200 K）低温板上的悬浮水滴制备立方相冰[92]。常压下，冰 I_c 的稳定温度区间为 70~170 K。冰 I_c 是冰的亚稳相，被认为存在于上层大气中[93]。研究发现，在液态水中掺入氢氧化物会使低温下的冰中存在点缺陷。继续降温至低于 72 K，氢键结构重排，结晶形成一种新的晶体冰XI。冰XI是正交结构，空间群为 $Cmc2_1$，具有铁电性。这种转变在热量测定实验和介电实验中也有观测到[94-95]。向水中增加成核剂可以得到某些冰的亚稳相。冰IV就是通过这种方法得到的。然而，冰IV并不容易在实验上得到，因此其又被称为"幽灵冰"[96]。相比之下，由液态水结晶成冰XII就相对容易[97-98]。

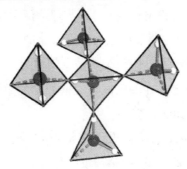

图 1-5　水分子形成的四面体氢键结构示意图

冰的高压相是最先发现的几种高压相之一[99]。20 世纪早期，自 Tammann 和 Bridgman 以后，人们将新发现的冰高压相以罗马数字命名[100-101]。在常温条件下，随着外压增加，水相继以液态水、冰Ⅵ和冰Ⅶ的结构形式存在。液态水在约 1 GPa 转变为四方相冰Ⅵ，随即在约 2 GPa 转变为立方相冰Ⅶ。冰Ⅶ的密度接近冰Ⅰ$_h$的 2 倍。研究表明，冰Ⅵ和冰Ⅶ的高密度是由于这两种结构中都存在相互嵌套的子晶格[102]。进一步加压，冰Ⅶ中氧原子构成的体心立方晶格能够保持稳定至 128 GPa[103]。但是在加压过程中，氧原子之间的距离减小，水中 $d_{O—H}$ 被拉长，氢键中 $d_{O\cdots H}$ 缩短，最终氢原子处于氧与氧中点。这样水分子分解为一个"原子晶体"，即氢键对称化的冰Ⅹ，此种冰的结构为 Cu$_2$O 结构[104]。Aoki 等的红外光谱实验证明氢键对称化发生在约 62 GPa[105]。分子动力学模拟预测更高压下（300 GPa）冰Ⅹ会转变为一种新六方密堆高压相冰Ⅺ。此相保持氢键对称化结构，是一种具有宽带隙的绝缘体。超过 2000 K 和 400 GPa 的极端条件，其展示出质子扩散特性，但仍能稳定存在[106]。更高温高压下，氢原子受到激发脱离氧的束缚而可以在氧形成的格子中自由移动，形成超离子态冰[107-109]。CALTPSO 晶体结构预测方法显示，超高温和高压下，冰存在两个稳定的相，I-42d 结构（1000~1500 GPa）和单斜的 $P21$ 结构（2000 GPa）。其中前者是氢键对称化的原子相，而后者则是包含（OH）$^-$和（H$_3$O）$^+$的层状结构，表现出离子特性[110]。

在约 2 GPa，降低温度至小于 278 K，冰Ⅶ转变为反铁电性的冰Ⅷ。冰Ⅷ与冰Ⅶ晶体结构非常相似，只不过冰Ⅶ是质子无序的体心立方结构，而冰Ⅷ具有质子有序的晶体结构。这种相转变温度随着外压增加而降低。这是由于外压作用使晶体结构中的质子无序程度增加，因此需要更低的温度才能使质子有序化[111-114]。冰ⅩⅤ是 2009 年利用中子衍射确定的新结构，在 0.8~1.5 GPa 且温度低于 130 K 的区间稳定。这种冰具有反铁电性（$P\bar{1}$），与理论预测冰ⅩⅤ（Cc）的研究得到的结构有差别[115]。此外，通过调节压强与温度，冰的晶体结构还有其他种类，包括质子有序的菱方结构的冰Ⅱ，四角结构、空间群为 $P4_12_12$ 的冰Ⅲ，以及冰Ⅸ、冰Ⅴ等。这些冰的结构稳定存在的区间比之前介绍的结构稳定区间小[116-119]。图 1-6 为温度与压强调控下冰的相图。

冰的结构是多种多样的，除上面提到的冰的结构外，类石英结构冰、"yellow"相等，以及低密度和高密度非晶冰的结构也都有报道[120-123]。随着越来越多的人投身到对冰结构的研究与探索中，相信在将来还会发现更多新的冰结构。

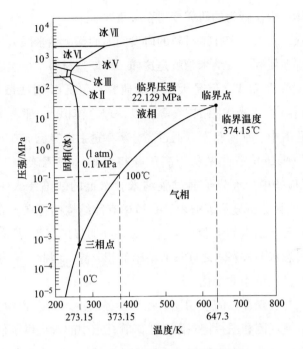

图 1-6　温度与压强调控下冰的相图

1.6　限域于一维孔道中水的研究

1.6.1　限域于碳纳米管中水的研究

　　一直以来，纳米限域水的研究都是一个多学科交叉的热点课题。近几十年，许多理论和实验研究致力于探索限域空间中水的结构和特性。人们发现，由于空间限域作用和水分子之间复杂的氢键作用，水会显示出迥异于固液气态水的丰富的结构与动力学性质[124-126]。限域水的物理特性和结构受到限域环境、界面作用以及温度和压强的共同调节。对限域空间中水行为的研究不仅能够增加人们对纳米环境下水物理化学性质的认知，而且有助于人们深入理解水在地质和生物等过程中的重要作用。比如，在生物科学领域，纳米限域水对蛋白质折叠和生物孔道中水和离子运输以及生物薄膜中药物传送等过程起到非常重要的作用[127-129]。在地质科学领域，限域水驱使土壤受冻膨胀和黏土矿物膨胀[130]。在纳米科学与技术领域，纳米限域水的研究对促进含水环境下纳米设备的发展有巨大页献[131-132]。

因此，对限域体系中水行为的研究变得至关重要。

近年来，众多新型纳米孔道材料的研发为人们探究纳米限域空间中水的结构和性质提供了许多便利。碳纳米管就是这样一种新型材料。虽然碳纳米管是由疏水的石墨烯片层卷曲而成，但是大量实验研究，包括 X 射线散射[133]、中子散射[134]、核磁共振[135]、光谱测试[136]等，以及理论模拟[137]都表明水分子能够存在于碳纳米管孔道中。在实验上，通过高分辨率透射电镜已成功观测到碳纳米管内限域水结构。Naguib 等首先利用高压釜将水陷入密闭碳纳米管的中空孔道中[138]。高压反应釜中，水分子通过碳纳米管壁上的缺陷渗入中空孔道。降温至-80℃，电子能耗分析显示碳纳米管孔道中有冰结构的存在。高分辨率透射电镜图像显示，在几十纳米的大管径碳管中，存在明显的气液界面[139-140]；而在小管径碳管中，气态水与液态水之间没有清晰的相分界。因此，在小管径碳管中可以观测到限域水微观结构的变化[138]。

研究表明，与宏观存在的水相比，在窄管径碳纳米管孔道中的水流动迟缓。这为原位透射电镜观测和图片记录限域于碳管孔道中的水提供了便利。在电子束加热下，能够观测到孔道中水的扰动。如图 1-7 所示，电子束轰击下，孔道中水扩散并且碳管扭曲变形。一个纳米水泡转变为两个纳米水泡。到目前为止，透射电镜研究表明水在最小内径约 2 nm 的单壁碳纳米管和双壁碳纳米管中以一维螺旋链或是双螺旋链结构存在，如图 1-8 所示[141]。

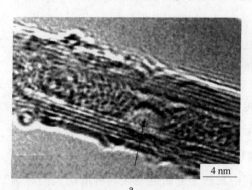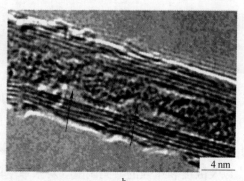

图 1-7   限域于碳纳米管中水的高分辨率电镜图像

a—碳管中形成一个水泡；b—碳管中形成两个水泡

理论模拟研究表明，限域于碳纳米管中的水可以形成多种多样不同于体相冰的结构。2001 年，Koga 等首次利用分子动力学模拟方法研究扶手椅型 (n,n)

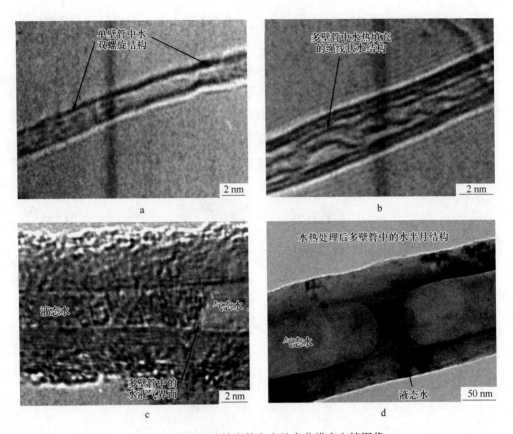

图 1-8 限域于碳纳米管中水的高分辨率电镜图像

a—小直径单壁管中水结构；b—多壁管中水结构；

c—大直径多壁管中水结构；d—超大直径多壁管中水结构

碳纳米管中的限域水[142]。选用管径满足 $n = 14 \sim 18$，相应直径为 1.11 nm、1.19 nm、1.26 nm、1.34 nm 和 1.42 nm。在 50 MPa 轴向压强条件模拟下，降温时势能曲线突然下降，升温后势能曲线变化展示出明显滞后现象，这说明降温过程中限域水发生了一阶相转变。结构分析表明，限域水的低温相是准一维多边形冰纳米管结构，即有序堆垛的多元水环。限域水的纳米管结构与压强、温度以及碳管直径尺寸紧密相关。低温下，水在小管径的（14,14）碳管中形成四边形冰纳米管，而在（15,15）碳管中形成五边形冰纳米管；在（16,16）碳管中形成的是六边形冰纳米管，在（17,17）碳管中形成七边形冰纳米管，而在大管径的（18,18）碳管中没有发现冰的形成。如图 1-9 所示为（14,14）、（15,15）、（16,16）和（17,17）管径碳管中水相变前后的结构示意图。冰纳米管中水分子成氢键满足"冰规则",即水分子与近邻 4 个水分子形成氢键,接受两个氢原子形成氢键,同时提供两个氢原子与近邻水形成氢键。增加模拟时的轴向压强到 200 MPa 和 500 MPa,发现 (14,14) 碳管中的液态水在低温下逐渐转变为五边形冰纳米管,而不是 50 MPa 轴向压强时的四边形冰纳米管[142]。中子衍射实验还揭示出结构更复杂的核壳纳米冰的存在[143]。这种结构的特点是其核心由水分子形成水链,外面由多边形冰纳米管包围。通过增加轴向压强和管径尺寸,Bai 等还发现了更多丰富的冰多壁管和螺旋结构[144-145]。

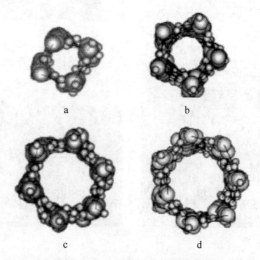

图 1-9　理论模拟限域于不同碳管中多边形冰纳米管的结构示意图

a—(14,14) 碳管;b—(15,15) 碳管;c—(16,16) 碳管;d—(17,17) 碳管

Maniwa 等的 X 射线衍射实验也证实了多边形管状结构的形成[146],随后又系统研究了碳纳米管直径 (1.09 ~ 1.52 nm) 与管内水的液固相转变温度的关系。随着管径的减小,相转变温度升高。八边形冰纳米管的转变温度在 190 K,而五边形冰纳米管的转变温度升高到 300 K。最近的理论模拟也发现了限域水的这种不规则的相转变行为[145,147]。管内水分子之间的相互作用对限域水的低温相转变有主要贡献,而水分子与碳管之间的相互作用对决定相转变温度与碳管直径的相互关系起到重要作用。在大管径 (大于 2 nm) 碳纳米管中,限域水的特性越来越接近液态水,这种转变温度随着管径增加而逐渐接近水的液固转变温度。这展现出一种由液态水与微观尺度水交叉的现象。

核磁共振方法也被用来研究限域于碳纳米管中水的动力学行为[148]。利用这种方法研究限域水结晶的优点是液态水的自旋弛豫时间 (几秒) 比冰的自旋弛豫时间（几微秒）长，在水冰点以下的温度得到的 NMR 信号主要来源于样品中非结冰限域水的信号。核磁共振（NMR）实验研究表明，在限域水分子结晶温度以上，核磁谱宽度小，说明此时限域水分子处于类液态状并展示出平移和准自由旋转运动。随着温度降低，分子的旋转运动展示出各向异性，说明类液态状水中分子存在最优取向。温度低于结晶温度，核磁信号强度减小，说明碳管孔道中形成有序冰纳米管。核磁共振实验结果与理论模拟得到的限域水动力学性质变化和液固相转变现象相互支持[148-149]。

Kolesnikov 等利用非弹性中子散射的方法研究限域于碳纳米管中水分子的振动光谱[143]。限域水的伸缩振动模式相比于体冰向高频移动。这种氢键的弱化可归结于管内形成多边形冰纳米管结构。密度泛函理论计算显示，在五边形冰纳米管内轴向（环间）氢键比平面（环内）氢键强度弱。这种不相等的氢键可以产生不同的振动特征[137]。Byl 等的红外光谱研究发现多边形冰纳米管中环内氢键具有体相水的特性，而环间氢键具有特殊的振动模式[150]。结合理论模拟，作者将实验上观测到的 3507 cm^{-1} 的振动归结为冰纳米管中环间的氢氧键振动。这是首次利用光谱法和理论计算直接将冰纳米管中氢键结构与实验观测的特殊振动联系起来。

水分子具有永久电偶极矩。当水分子凝结成固体时，期望其具有铁电特性。由于固态冰中质子的无序性，固态冰通常不展示出铁电性。因此，探索限域水的电介质特性是非常有意义的。Mikami 等利用经典分子动力学计算研究预测到限域于碳纳米管内水分子是世界上最小的铁电材料，并指出碳纳米管限域水体系具有制备铁电设备的潜在应用[151]。这项工作填补了冰纳米管电介质特性研究领域的空白。

1.6.2 限域于分子筛中水的研究

除了对限域于碳纳米管中水的研究外，限域于分子筛孔道中水的结构和动力学行为研究也受到人们的广泛关注。限域空间中水的行为与体相水存在显著的差异。限域于分子筛孔道中的水结构受到分子筛孔道的尺寸、分子筛孔道的亲疏水性以及孔道中电荷平衡离子等众多因素的影响。

研究发现，限域在介孔分子筛中水的液固相转变温度大大降低，水在较低温下仍能以液态存在。通常的冰均相成核温度小于 235 K，利用分子筛限域水为研究低温过冷却水提供了巨大便利。研究差热分析表明，限域在介孔硅分子筛

MCM-41 和 SBA-15 圆柱形孔道中水的融/冰点随着孔道直径的减小而降低。融/冰点随着孔道直径的变化可以利用一个修正的吉布斯-汤姆森方程描述[152-153]：

$$\Delta T_m(R) = C/(R - t) \tag{1-1}$$

式中　　ΔT_m——融/冰点降低量，K；

　　　　C——吉布斯-汤姆森常数，K·nm；

　　　　R——孔道直径，nm；

　　　　t——孔道壁附近不结冰的水层的厚度，nm。

t 取值约 0.6 nm，即两种水结构共存在介孔分子筛孔道中：一种是孔道壁处不结冰的水层，另一种是孔道中心处的核水[154]。

最近的拉曼光谱系统研究了不同管径分子筛孔道中限域水的结冰与融化行为。研究表明，随着限域环境的变化，低温下孔道中心结晶的核水由大孔（d = 8.9 nm）分子筛中的体冰结构逐渐相变为小孔（d = 2.0 nm）中的低密度非晶冰。限域空间的水在低温下存在不同的结构，这对利用限域环境研究低温下过冷却水的观点提出了质疑。当水限域在孔道尺寸小于 3 nm 的介孔分子筛中时，差热实验中观测不到放热或吸热峰，这说明小管径限域环境下一阶液固相转变受到压制。最近对限域在管径小于 2 nm 的分子筛中水的研究证明，孔道内的水低温下存在一种液相到液相的转变[154]。Alabarse 等对限域于直径为 1.2 nm 的分子筛中水进行低温研究，发现孔道内的水在 173 K 低温下仍不以冰的形式存在。分子筛亲水内表面的水分子所形成氢键数量少，不足以结冰；而孔道核心处的曲率效应阻止水分子形成四面体配位的网状结构，水分子仍不能结冰。在低温下，孔道中的水分子呈现出两种结构：内表面处取向有序的水层和核心处类液态水的结构[155]。

理论模拟方法已经被广泛地用于限域空间中水的结构和动力学行为的研究。在先前的模拟中发现，分子筛骨架结构的差异会导致限域水链展示出不同的结构。在分子筛 bikitaite 中，水分子固定在所处位置不能自由转动，形成"僵硬的"链状冰结构。而分子筛 Li-ABW 中的水分子是一维水结构，水分子与邻近的两个水分子和骨架之间都存在氢键作用，且具有一定的转动自由度。这种动力学特性的差异与水和分子筛骨架之间的相互作用有关，较弱的主客相互作用使 Li-ABW 中的水分子能够自由转动。分子筛 Na-ABW 中，尺寸较大的钠离子占有一定空间，堵塞孔道。相比于 Li-ABW，Na-ABW 孔道中的水分子量减少，并且水分子被钠离子分离开来，水分子只能与骨架有氢键作用而不能与邻近分子之间形成氢键[156-159]。如图 1-10 所示为 3 种分子筛中的水结构示意图。

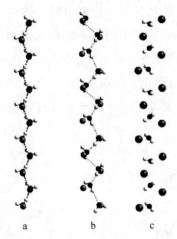

图 1-10 限域于 3 种分子筛孔道中水的结构示意图

a—bikitaite；b—Li-ABW；c—Na-ABW

磷酸铝分子筛限域水体系的研究也引起人们的巨大兴趣，孔道的尺寸、孔道内水的含量和水与孔道的作用对限域水的结构起到至关重要的作用。Fois 等的理论研究表明大孔磷酸铝分子筛 VPI-5($d = 1.2$ nm) 中的水分子构成一维三螺旋链结构。这种螺旋链沿着孔道侧壁延展，并且具有一定的柔韧性[160]。Floquet 等利用中子衍射详细研究吸附于另一种磷酸铝分子筛 AlPO$_4$-5(AFI)($d = 0.73$ nm) 中水分子的结构[161]。在高吸水量的情况下，水分子形成一维螺旋冰纳米管结构；而当吸水量降低，孔道中的水分子以一维螺旋链结构存在。值得注意的是，作者指出高吸水量的情况下限域水的密度约为 1.2 g/cm^3，是一种高密度相。限域水具有低的扩散性，比室温下水的扩散性小一个量级。Demontis 等的理论模拟证实了分子筛 AlPO$_4$-5(AFI) 中限域水分子的一维螺旋链结构的存在和限域水的低扩散性。而在二氧化硅分子筛 SSZ-24 中的水分子则是以一维线性链的结构排列。作者认为这种差异与分子筛 AlPO$_4$-5(AFI) 中铝氧交替排列结构和分子筛 SSZ-24 的有效孔径小有关[162]。

实际上，人们对磷酸铝分子筛限域水体系具有研究兴趣不仅是为了研究限域空间中水的结构，而且还是要解释这种分子筛吸水具有不正常等温吸收的现象。吸水实验研究表明，分子筛 AlPO$_4$-5(AFI) 初始阶段的吸水量非常低；当相对压强达到 0.25~0.30 时，吸水量显示出近于等压增加的现象[161]。Newalkar 等将这种现象理解为水分子优先填充六环孔道，随后在十二环主孔道凝结[163]。Pillai 和 Jasra 的理论模拟显示，水吸附在六环孔道中时，体系不是最稳定的，排除六环孔道填充水的可能[164]。作者认为分子筛最初吸水是由于孔道的亲水特性，水分子中的氢与骨架上的氧形成氢键；吸水量增加是由于最初吸入的水分子与随后的水分子之间形成大量的氢键作用。限域在分子筛 AlPO₄-5（AFI） 十二环主孔道和分子筛 AlPO₄-11（AEL） 十环主孔道中的水形成双螺旋链，具有类似六角冰的结构，如图 1-11 所示。

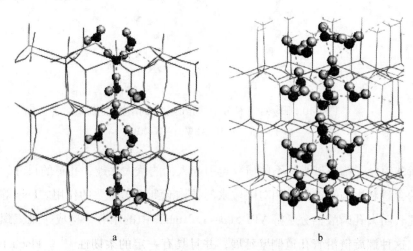

图 1-11　限域于磷酸铝分子筛孔道中水的结构示意图

a—AEL；b—AFI

　　由上可知，对水的研究一直都是热点问题。高压下和限域空间中的水都展现出了丰富的结构。理论预测限域水的结构和性质方面的研究居多，而通过实验方法研究限域水的结构及其结构变化则相对较少。这就激励人们寻找新的实验手段展开限域空间中水的结构和特性研究。此外，将高压技术与限域效应相结合，利用高压调控限域环境，同时研究限域空间中水的结构变化，这一课题的研究将使人们对限域空间中水的结构、振动性质以及水与限域模板之间的相互作用有深入理解，也将丰富人们对水结构转变的认识。

1.7　分子筛的高压研究

　　分子筛通常是由 TO₄（T 为 Si、Al、P、Ga、Ge 等） 四面体连接形成的低密度开放骨架材料，具有许多均匀大小纳米级孔洞和孔道，能够通透多种小的分子与原子。由于其高的孔隙率，在气体吸附和分离、化学反应催化和离子交换等领域有重要应用[69-71]。研究多孔分子筛的结构稳定性对充分发挥其应用价值具有重要意义。众多影响分子筛结构的因素中，压强是一个非常重要的因素。一直以来，研究分子筛高压结构变化都是一个重要的科研课题。高的外部压强修饰分子筛拓扑结构和结构组成，诱导发生许多新奇的现象，比如压致非晶化、压致结构相变和压致吸水现象等。

几十年前，科研工作者就已经发现分子筛与小分子的传压介质相互作用而展现出特殊的行为[165-166]。实验研究发现，当不用传压介质或使用大分子的传压介质时，分子筛晶体在高压下会经历逐渐非晶化的过程。Creaves 等的研究发现，分子筛在压缩时会转变为两种不同的非晶相：一种是低密度非晶相，另一种是高密度非晶相。这种同一材料形成相同化学组成、不同非晶态的现象叫做多非晶态现象[167-168]。通常，结晶材料中的拓扑结构能够在低密度非晶相中得到保持，而在高密度非晶相中则完全缺失。卸压之后的某些非晶相能够部分或者完全恢复至初始的晶体结构[169]。

Haines 等详细探究了不同传压介质对分子筛 silicalite 高压结构转变的影响[170]。以大分子硅油为传压介质时，分子筛在 8 GPa 以上就非晶化。而以 Ar 和 CO_2 为传压介质时，分子筛展示出不同的高压行为，小分子进入分子筛孔道中支撑骨架结构，使其具有抗压缩性，22 GPa 以上分子筛仍然没有非晶化。相应的 X 射线衍射图谱及归一化体积如图 1-12 所示。

图 1-13 为分子筛 silicalite 的高压拉曼光谱。以氩为传压介质时，从 25 GPa 卸压后的拉曼光谱与初始的光谱一致。不用传压介质时，卸压光谱没有恢复。这说明小分子传压介质的存在对分子筛晶体结构稳定性具有重要作用。

在多孔分子筛的高压行为研究中，分子筛内部拓扑结构改变导致的结构重构相变是非常有趣的发现。最近，Jorda 等的高压同步辐射实验研究发现，立方相纯二氧化硅 LTA 分子筛 ITQ-29 在 1.2~3.2 GPa 经历了一个有序到有序的相转变。从 6 GPa 卸压的样品保持新相结构，衍射数据分析表明新相为四方相，命名为ITQ-50[171]。理论模拟研究给出了分子筛清晰的结构变化路径。如图 1-14 所示，首先，分子筛内部的 α 笼子沿一个轴向压缩，但保持初始的网络连接结构；随后，两个硅氧键断裂形成两个新的硅氧键，得到一个新的网络结构；最后，经过一个骨架结构弛豫就得到新相。这项研究表明，高压是一种获得新组分、新结构

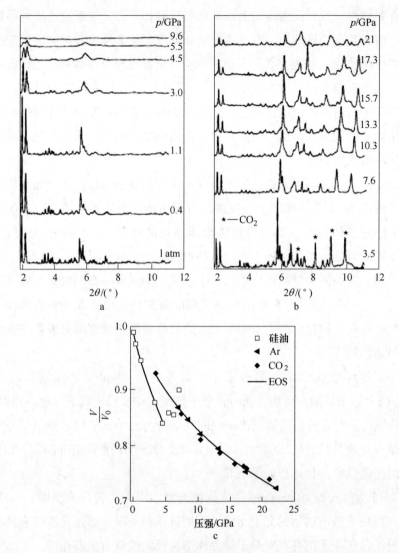

图 1-12　不同传压介质时分子筛 silicalite 的高压 X 射线衍射图谱及归一化体积

（1 atm = 1.01325×10⁵ Pa）

a—硅油；b—CO₂；c—归一化体积

分子筛的有效手段。

　　Lee 等对小孔分子筛吸水的研究做出了许多开创性的工作。2001 年，他们在对钠沸石（$Na_{16}Al_{16}Si_{24}O_{48} \cdot 16H_2O$）进行的高压同步辐射研究中首次发现超吸水的现象[172]。钠沸石对水/醇混合物传压介质中的水分子具有选择吸附的特性。特别地，在 1~1.5 GPa 存在一种中间相，称 paranatrolite，$Na_{16}Al_{16}Si_{24}O_{48} \cdot 24H_2O$。

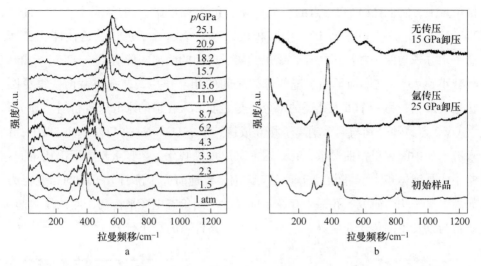

图 1-13　分子筛 silicalite 的拉曼光谱

（1 atm = 1.01325×10^5 Pa）

a—升压；b—卸压

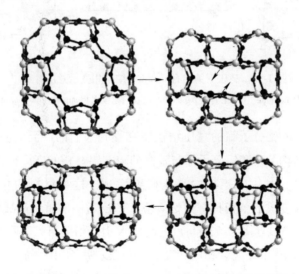

图 1-14　分子筛 ITQ-29 相变为 ITQ-50 过程中内部 α 笼子的转变序列

中间相的晶胞体积比常压的钠沸石约大 7%。约 1.5 GPa 以后，分子筛达到超吸水状态，水含量是初始的 2 倍，$Na_{16}Al_{16}Si_{24}O_{48} \cdot 32H_2O$。此时，分子筛的晶格参数 a 与 b 扩大，相比于常压状态，晶胞体积增加约 2.5%[173-174]。3 种钠沸石的结构示意图如图 1-15 所示。0.84 GPa 钠沸石没吸水时，孔道中两个钠离子处于等价位置上，它们通过 OW1 点的一个水分子和骨架上 O2 点的氧原子桥连。此时，Na—O2—Na 的夹角是 95.0°。中间相里，有一个水分子进入孔道使体积膨胀。这个水分子与两个钠离子桥连，缩短钠离子之间的距离，使 Na_{1A}—O2—Na_{1B} 的夹角减小到 73°。这增加了钠水链与骨架之间的相互作用，使孔道截面变得更圆。在超吸水相，另一个进入孔道的水分子与之前进入孔道的水分子等价对称地分布在 OW2 点，并分别与两个钠离子相互成键，Na—O2—Na 夹角恢复为 88.0°；钠水链不如中间相里扭曲严重，孔道截面又出现椭圆化。超吸水相展示出比中间相略小的晶胞体积[173]。随后，Lee 等又详细系统地研究了沸石分子筛的相变行为，如高温高压相变研究、孔道中存在不同尺寸不同价态电荷平衡离子时的压致超吸水行为以及不同传压介质（Ar、Xe、CO_2）条件下的高压行为[175-178]。

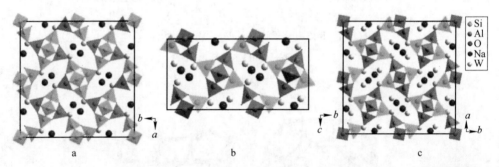

图 1-15　高压下钠沸石 natrolite 结构相变示意图

a—钠沸石 natrolite；b—中间相 paranatrolite；c—超吸水相 superhydrate natrolite

图 1-15 彩图

　　近年来，磷酸铝分子筛的高压结构研究受到人们的广泛关注。这些具有多孔结构的磷酸铝分子筛与致密的磷酸铝材料的高压行为存在显著的差异。对块磷铝矿的高压研究发现，这种材料的相转变压强高达 15 GPa，并且转变成的新相具有记忆效应，卸压后能够重结晶成初始相[179]。而先前对 $AlPO_4$-5(AFI)(d=0.73 nm) 的高压 X 射线衍射研究表明其在低压下就经历由六角相到六角/正交混合相的转变，并且这种混合相保持至非晶化。当传压介质中加入能够侵入孔道的氮分子后（硅油/氮），由于氮分子的支撑作用，分子筛结构稳定性显著增强，非晶化压强比单纯用硅油作为传压介质提高 7 GPa[180]。$AlPO_4$-5(AFI) 的高压 X 射线衍射研究如图 1-16 所示。然而，Lee 与其合作者以甲醇/乙醇/水（体积比 16:3:1）为传压介质，最高压强至 5.2 GPa 的实验中并未发现结构相变的发生[181]。

　　对于 $AlPO_4$-54(d=1.2 nm)，当以不能侵入孔道中的硅油为传压介质时，大

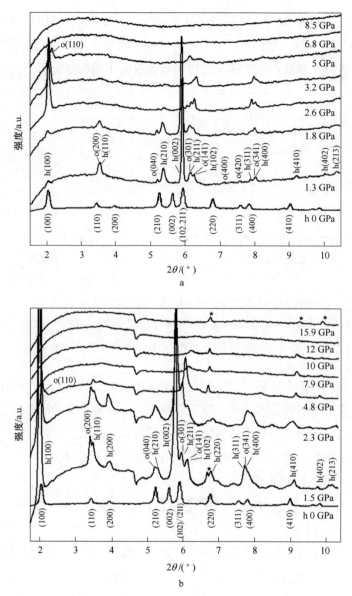

图 1-16　AlPO₄-5(AFI) 的高压 X 射线衍射研究

（h 代表六角相，o 代表正交相）

a—硅油传压；b—硅油/N₂ 混合传压

约 2 GPa 时骨架结构塌缩发生；而以小分子水为传压介质，结构塌缩压强提前至
0.9 GPa。进一步研究表明，水分子进入孔道增加分子筛骨架铝配位数是骨架结
构稳定性降低的原因[182-184]。脱水的 AlPO₄-54 展示出不同的高压行为。在硅油传

压介质中，六方相的 AlPO$_4$-54 在低压 0.8 GPa 时转变为正交相的 AlPO$_4$-8，该相转变在 2~3 GPa 完全。随后 AlPO$_4$-8 在 3.5 GPa 后发生不可逆的非晶化。非晶化转变压强点可以从磷酸铝分子筛特征衍射峰强度随压强的变化图 1-17 中得知。

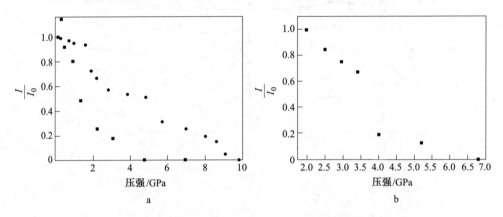

图 1-17　磷酸铝分子筛主峰归一化强度随压强变化图

a—AlPO$_4$-54 的（100）衍射峰强度随压强变化（圆点和方块标记分别为以硅油和水为传压介质的数据点）；

b—硅油传压情况下 AlPO$_4$-8 的（200）衍射峰强度随压强变化

由此可知，虽然磷酸铝分子筛的构成单元相同，但是它们的高压结构转变是不相同的。孔道中的客体水分子、传压介质均对多孔分子筛的高压行为产生重要影响。磷酸铝分子筛高压行为值得做进一步的研究与探索。这将使人们深入了解分子筛的高压相变行为，为拓展分子筛的应用提供重要指导。

1.8　研究目的与意义

压强作为一个基本物理条件，可以有效缩短原子间距、增加相邻电子轨道的交叠程度，从而改变物质的晶体结构、电子能带结构和原子间的相互作用，发生压强导致金属化、分子解离和原子相等新的物理现象。因此，高压条件对于物质科学研究具有特殊的重要性。

将原子与分子限域于纳米空间中，由于纳米空间的限域效应，它们会展示出不同于宏观体材料的新结构和新性质，极有可能会发生与体材料完全不同的高压结构变化。将高压与限域效应相结合，探究一维纳米限域体系中物质的结构变化是一个全新的科研领域。目前，研究限域空间中的物质在高压下的结构变化是一个基本科学问题。该项研究可能获得限域于纳米空间内物质的全新结构相变规律，加深对纳米限域体系独特的结构和物理性质的认识，也将为获得全新的纳米材料提供新思路。

本书相关课题对限域空间中物质结构的转变展开了研究，限域空间中物质结构转变受分子之间的相互作用影响重大。因此，笔者选择了分子间作用力具有代表性的两种分子：碘和水。碘分子代表分子间具有弱的范德华作用力的一类分子，水分子代表分子间具有氢键的一类分子。

碘分子是卤族元素单质的代表，其在高压下有丰富的结构相变，从分子相到非公度相再到原子相，其中伴随着金属化的转变。由于一维纳米空间的限域作用，限域碘的常压结构完全不同于体相碘。对一维纳米限域体系中碘的高压结构相变研究是一个全新的科研领域，其中的转变过程和相变类型还不清楚，可能存在完全不同于体相碘的结构变化规律。因此，笔者展开了限域于纳米管中双原子分子碘的高压行为研究。该研究不仅有助于揭示双原子分子碘在高压下由分子相到原子相的分子解离机制，弄清高压下金属相的形成过程，还有可能获得限域于纳米管内双原子分子碘不同于体材料的全新的压致结构相变规律，加深对纳米限域体系独特的结构和物理性质的认识，也将为获得全新的纳米级新材料提供新途径，有希望为高压下金属氢的产生提供新的图像。

水是自然界最常见的物质之一，是生命生存的重要资源。水分子之间的氢键作用对其结构有重要影响。限域于纳米空间中的水在蛋白质折叠、薄膜中离子运输和药物传递等诸多过程中发挥着重要作用。因此，对限域水的结构和动力学行为的研究意义重大。限域空间尺度对限域水的结构有重要影响，限域水展示出不同于体相水的丰富结构。目前，对限域水的实验研究还很少，而且多集中在对较大孔中水的研究。通过实验方法研究小孔道中限域水的结构，特别是探索限域空间尺度变化对水结构转变的影响是一个重要的科研课题。高压能够逐渐缩短原子之间的距离，连续调节限域空间尺度，因此笔者利用高压调节限域空间，研究了高压下限域水的结构变化。这一课题的研究将有助于深入理解限域空间中水的结构、水分子之间的相互作用及水与限域模板之间的相互作用，也将丰富对纳米限域水的全新高压结构相变规律的认识。

1.9　本书的主要内容

在本书中，笔者主要进行了以下工作：探究极端条件下（如高压和低温），限域于磷酸铝分子筛一维孔道中的碘结构转变，寻找操纵控制限域碘分子并编织碘链的有效方法；研究限域于磷酸铝分子筛 AEL 一维孔道中水的氢键结构以及限域水在高压下的结构转变。

本书共包含 7 个章节的内容：第 1 章为绪论部分，主要介绍碘、水、分子筛的高压研究以及限域碘与限域水的研究，阐述了本书相关工作的目的和意义。第 2 章介绍了高压实验技术。第 3 章研究合成磷酸铝分子筛 AEL、制备 I@AEL 复合材料并对其进行表征。第 4 章对 I@AEL 进行高压研究，发现高压可以促使限域碘分子发生由垂直孔道轴向到平行孔道轴向转变，并编织长碘链。第 5 章对 I@AEL 和 I@AFI 进行低温拉曼光谱研究，发现降温和升温可以可逆控制限域碘分子由垂直孔道轴向到平行孔道轴向转变。第 6 章对限域于磷酸铝分子筛 AEL 孔道中的水进行红外光谱研究，指出限域水分子的氢键结构，并探究空气相对湿度对分子筛吸水的影响。第 7 章研究限域水在高压下的结构转变，发现限域水在高压下由类冰状结构向类液态水结构、与孔道配位的水和水的低聚物形式转变；以能够进入孔道的氩为传压介质可以促进这种转变。

2 高压实验技术简介

　　物质所处的外部压强和温度环境及其自身的化学组分是 3 个重要参量（如图 2-1 所示），它们都能够独立地影响物质的结构和性质。比如，常见的水在常温下呈液态，温度高于沸点后水会蒸发成气态，而温度低于冰点，其转变为固态冰。水的分子式为 H_2O，水分子是由一个氧原子和两个氢原子构成的。改变化学组分，两个氧原子和两个氢原子又可以形成分子式为 H_2O_2 的过氧化氢。在宇宙中的凝聚态物质都处在高压状态下，比如地球中心压强约为 350 GPa，太阳中心压强约为 10^6 GPa，中子星中心压强约为 10^{26} GPa。压强是一种极端条件，在微观层面上缩短物质内部原子之间的距离、增加电子云交叠程度和影响能带结构等，进而在宏观上改变物质的结构和物理化学性质等。研究发现，在一百万大气压范围内，每种物质平均出现 5 个相变，这极大地丰富了自然界中物质的种类，为人们深入认识物质结构、性质及其变化规律提供了重要帮助，为寻找具有优异特性和功能的材料奠定了坚实的基础。

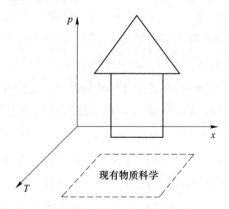

图 2-1　现有物质科学中的压强、温度、组分示意图

　　研究物质在高压及超高压条件下的结构、性质及其变化规律的学科称为高压科学。高压科学是一门新兴的、正在飞速发展的基础学科，是人类认识自然及打开未知科学世界大门的钥匙。近几十年，物质在高压等极端条件下的行为研究已

经取得了重大的科学突破，其在物理、化学、生命科学、地学、行星科学、新能源材料和国防等领域发挥着重要的潜在应用价值。利用高压手段可以合成新物质新材料。其中最典型的例子是利用高温高压手段将很软的石墨合成为自然界最硬物质之一的金刚石[185]。科学研究还发现，双原子分子氮在高温高压下会转变为一种聚合态（原子态）氮，这种聚合态的氮是高能量密度含能材料[2]。此外，利用高压手段还可以探索物质在极端条件下的新现象新性质。一些半导体或绝缘体在高压下转变为金属态的导体，如分子氢在超高压下发生压致金属化[186]。分子态的氧在超高压超低温下转变为超导态[187]。令人意想不到的是，某些物质在高压下还可以发生由金属态到绝缘态的转变。比如，在金属钠的高压研究中，人们发现常压下不透明的金属钠在超高压下转变为透明的绝缘相钠[188]。此外，高压作用并结合激光辐照，会促使物质发生诸多常压下不能发生或不易发生的聚合反应、光化学反应等。总之，高压科学涉及范围广泛，研究内容丰富，关注的热点问题多，是一门具有重要意义的学科。

高压技术是人们利用高压进行科学研究和解决科研问题的科学技术。高压实验技术分为两类，包括静态高压技术和动态高压技术。静态高压是指可以长期维持的高压强，即满足足够的时间使外压做功所产生的热通过热传导的方式与环境温度达到平衡。动态高压的原理是基于瞬态脉冲加载，利用材料的惯性响应特性获得高压，动高压过程是绝热的。动态高压所能产生的高压水平远高于静态高压。目前，产生高压条件的方法主要有：（1）金刚石压腔（DAC）装置，可以实现高于 300 GPa 和 2000 K 的实验研究；（2）大腔体高压实验装置，可以满足30 GPa 和 2800 K 的实验研究；（3）动高压加压装置，实现不低于 800 GPa 和5000 K 的实验条件。这里，笔者结合自身科研特点，主要介绍静态高压技术。20世纪以前，主要通过无源保压装置和活塞圆筒装置实现高压，达到的压强低于1 GPa。1908 年以后的几十年间，高压科学研究进入了 Bridgman 时代。在这一阶段，Bridgman 发明和制造了现代高压实验装置的原型，在这阶段的压强极限由不到 1 GPa 提高到十几至数十吉帕。同时，他还建立和发展了现代超高压技术的理论研究基础。在此期间，人们大量地进行了一系列物质的高压物性研究和高压合成研究。20 世纪 50 年代后期，金刚石对顶砧压机（diamond anvil cell，DAC）的出现显著提高了实验上所能达到的最高压，高压实验技术从此进入了 DAC 时代[189]。随后，Mao 等对金刚石对顶砧压机进行改进，并引入了带倒角的金刚石作为压砧，使 DAC 产生的最高压提高到 170 GPa[190]。目前，随着高压技术的不断发展，实验上静态高压技术所能达到的最高压已经超过 550 GPa，这为超高压结构和物性的研究奠定了基础。金刚石对顶砧压机（DAC）质量小、体积小，并且使用极为方便，这为高压实验带来了便利。DAC 还可以与各种先进测试技术和精密仪器相结合，如拉曼、红外、荧光光谱技术、布里渊散射技术、同步辐射 X 射线衍射技术以及磁学测试技术等，这极大地推动了高压下物质结构与性质的研究，为高压科学的发展奠定了坚实的基础，使这一科研领域呈现出广阔的发展前景。

本章着重介绍实验中用到的产生静高压的金刚石对顶砧压机（DAC）装置。

2.1　金刚石对顶砧高压装置

如图 2-2a 所示为金刚石对顶砧压机（DAC）的结构示意图。图 2-1b 为常用的套筒式金刚石对顶砧压机实物。高压装置的主要组成部分包括金刚石压砧、封垫、传压介质和压强标定物质。金刚石是自然界最硬的物质，利用上下两块金刚石压砧反方向压缩挤压密封的样品腔，可以产生高压强。金刚石砧面是 1 个十六边形，直径大的有 1000 μm、小的有几十微米，用于产生不同范围的高压。金刚石砧面的面积越小，能够产生的极限压强越高。针对不同类型的高压实验，需要使用不同特性的金刚石，如要求金刚石对 X 射线、可见光、红外光和紫外光等展现出优异的通透性能。因此，选择品质优良并满足特殊实验需求的金刚石变得尤为重要。按内部微量元素含量的差异，金刚石可以分为 I 型和 II 型两个种类，进一步还可细分为 I a、I b、II a 和 II b 型。其中，I 型金刚石是普通的金刚石，含有少量氮杂质，导热性良好但是导电性不好，能够满足部分实验应用。II 型金刚石品质较高，其中含有极微量杂质，比较罕见，其总量仅为自然界中金刚石总量的 1%~2%。II 型金刚石具有良好的导热性、导电性等特性，广泛应用于高新科技领域与尖端工业领域。

将密封垫圈引入金刚石对顶砧高压实验装置中是一个非常重要的进步[191]。实验前先将作为封垫的金属片预压到 50~60 μm 厚，然后再在压痕中心钻一个孔洞，孔径约为砧面直径的 1/3。早期，人们只可以研究固体的高压行为，封垫技术引入后，封垫中心的孔可以作为样品腔盛装固体或液体样品和传压介质，避免样品在压强作用下流出，保证样品区域的压强均匀，这极大地扩展了高压科学研究的范围。此外，由于金刚石砧面陷在预压压痕内，可以受到封垫的保护，防止

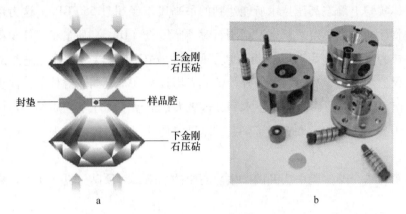

图 2-2　高压产生装置图

a—金刚石对顶砧压机（DAC）结构示意图；b—DAC 高压装置实物图

金刚石上下两个砧面直接接触，减小金刚石边缘的压强梯度，避免加压过程中金刚石受损破坏。

多种材料可以作为封垫材料应用到高压实验中，经常用到的有 T301 钢、铜、铼、铍、钨等。进行较低压的实验时，可以选取较软的铜作为封垫材料；进行高压实验时，需选用体积模量大的金属如钢、铼等。此外，某些高压实验中需要选用特殊材料作为封垫，如选用化学惰性的垫片防止其与反应物或传压介质发生化学反应。对某些样品进行高压 X 射线衍射研究时，为了避免垫片对实验的影响，可以采用低原子序数的铍或硼作为垫片，以获得强的样品信息。

2.2　传压介质的选择

静水压环境是指物质所处压强均匀、各向同性的压强环境。压强的静水性与非静水性对物质高压下行为影响巨大，静水压对人们了解高压下物质结构与性质转变具有重要的意义。高压实验中用到的传压介质是传递压强的媒介物质。因此，找到能够产生静水压或准静水压的传压介质成为高压科学领域的一个重要问题。

作为传压介质的物质一般应该满足如下几个特点：（1）具有化学惰性，不与样品及封垫材料反应；（2）低压缩率；（3）低剪切强度和低黏滞系数；（4）低扩散性与渗透率；（5）易操作；（6）易密封；（7）成本低，容易获得。此外，特定的高压实验对传压介质的物性有特殊的要求，实验者可以根据需要选择合适的传压介质来进行实验。比如，高压电学实验要求传压介质具有好的电绝缘特性；高温实验要求传压介质具备热稳定性和绝热性；高压光谱实验要求传压介质不能影响实验样品光谱信号的分析。

实验中所用到的传压介质有 3 种：固态传压介质、液态传压介质和气态传压介质[192]。这 3 种传压介质各有优缺点。常见气态传压介质有 He、Ne、Ar、H_2、N_2、O_2 等；常见液态传压介质有硅油、甲醇/乙醇（体积比 4∶1）、甲醇/乙醇/水（体积比 16∶3∶1）、戊烷/异戊烷（体积比 1∶1）等；常见固态传压介质有 KBr、NaCl、AgCl、叶蜡石、滑石等。气体具有最好的将单轴载荷转变为静水压的能力，固体最差。选用剪切强度很低的固体可以得到准静水压。常见传压介质的静水压范围如表 2-1 所示。固体的压缩率最低，气体的压缩率最大。过大的压缩率使高压装置变得复杂，存在危险。此外，在渗透性、密封性和可操作性方面，固态传压介质具有优势，液态传压介质次之，而气态传压介质在这方面的性能最差。

表 2-1 几种常见气态、液态传压介质的静水压范围

传压介质	固化压强/GPa	静水压范围/GPa
He	11.8	>60
Ne	4.7	16
Ar	1.2	9
H_2	5.7	>60
N_2	2.4	13
O_2	5.9	—
甲醇/乙醇（体积比 4∶1）	10.4	20
甲醇/乙醇/水（体积比 16∶3∶1）	14.5	20
戊烷/异戊烷（体积比 1∶1）	6.5	6.5

2.3 压强标定物质的选择与压强的标定

高压实验中，如何确定样品腔中的压强是一个非常重要的问题。压强的测量方法一般有两种：初级测压方法和次级测压方法。初级测压方法是根据压强和其他物理参量之间理论上的基本关系，通过测量这些参量来最终求出压强。一般根据关系式 $p=F/A$ 来测得压强，即通过测得作用在面积 A 上的压力 F 来计算压强

p。实际上，在金刚石对顶砧高压装置中的样品腔非常小，并且样品腔的尺寸会随着压强的增加而改变，这使初级测压方法变得困难麻烦、不实用。因此，需要利用次级测压方法进行测压。所谓次级测压方法是选用一个小的测压元件，根据这个测压元件的某一物理特性随压强的变化来进行连续测压。所选用的测压元件的物理特性随压强的变化在理论上并不清楚，需要进行预先测定。测压元件的物理参量包括体积、晶格参数、介电常数、光学常数、电阻率等。目前，在金刚石对顶砧装置中已经发展出多种测压方法，其中常用的有 3 种：相变法[193-194]、状态方程法[195-196] 和光谱法[197-198]。

　　某些物质会在固定的压强下发生相变，可以通过检测这些物质是否相变来判断金刚石对顶砧装置压腔中的压强，这就是相变测压法。比如，可以利用水—冰Ⅵ—冰Ⅶ相变来确定压腔内压强。此外，石英、Pb_2TiO_3、氢氧化镁、$PB_3(PO_4)_2$、AgI 等的相变点也都可以用来标定压强。需要特别指出，通过相变法标压只能得到固定的压强值，不能连续地标压，因此相变法在实际应用中有局限性。

　　状态方程法是在高压 X 射线衍射实验中经常用到的方法。这种方法使用物质晶体点阵参数或晶胞体积作为测压参数，根据已知的状态方程和晶格参数来确定压强。这类压强标定物质的选择应满足以下几个要求：化学性质稳定，不与样品和传压介质反应；原子序数高，衍射强度高；衍射峰少，对称性高；对压强变化敏感，压缩明显；有可靠的高压压缩数据，以便用于确定压强。常用的压强标定物质有 Cu、Au、Pt 等。

　　光谱法是高压实验中最广泛应用的标压方法，利用物质光谱数据随压强的变化来确定压强值，其中包括拉曼光谱法和荧光光谱法等。目前，红宝石 R1 荧光峰（发射波长为 694.3 nm）标压方法应用最为广泛。红宝石的优点在于其荧光峰强，测量方便。激光作用下，红宝石发出荧光，R1 荧光线在压强作用下会有显著的红移现象。通过红宝石 R1 线的峰位移动量来确定压腔内的压强值。此外，金刚石的拉曼峰也可以用来标定压强。

3 磷酸铝分子筛 AEL 限域碘样品的制备

3.1 引　言

分子筛是由 TO_4（T 为 Si、Al、P、Ga、Ge 等）四面体连接形成的开放骨架结构，在气体吸附分离、化学反应催化、离子交换和储氢储能等多个领域呈现出广阔的应用前景[69-71]。在磷酸铝分子筛家族中，具有均匀孔径一维孔道的磷酸铝分子筛（$AlPO_4$-5、$AlPO_4$-8、$AlPO_4$-11、$AlPO_4$-54）一直以来都受到人们的广泛关注[199-200]。人们研究发现这些分子筛具有优异的绝缘性、光通透性、热稳定性，这些优异的物理特性再加上特有的一维孔道结构，使其成为组装一维纳米主客体复合材料的理想模板[201-205]。

磷酸铝分子筛 $AlPO_4$-11（AEL）是由 AlO_4 和 PO_4 交替连接形成的具有一维平行排列椭圆孔道［0.44 nm×0.67 nm］的开放骨架结构。孔道尺寸与碘分子的范德华直径（0.68 nm）相当，是研究纳米限域碘的良好模板材料[80-83]。本章中，笔者合成了磷酸铝分子筛 $AlPO_4$-11（AEL）晶体并以其为模板成功制备了分子筛限域碘复合材料（I@AEL），为后面研究纳米限域碘奠定了基础。

3.2 实　验　部　分

3.2.1 分子筛 AEL 的合成与表征

3.2.1.1 分子筛 AEL 的水热合成

利用水热法合成得到磷酸铝分子筛 $AlPO_4$-11（AEL）晶体[206]。加热装置采用精密控温烘箱。使用带有聚四氟乙烯内衬的高压反应釜。实验中选用拟薄水铝石（质量分数为 60%～64%）作为铝源、磷酸（H_3PO_4，质量分数为 85%，北京化学试剂厂）作为磷源，采用有机胺二异丙胺（DIPA，天津市光复精细化工研究所）作为模板剂，添加氢氟酸（HF，质量分数为 40%）和水（调节溶液中的反应物浓度）。各种反应物的组成摩尔比为：1.6（DIPA）：2.6（H_3PO_4）：1.1（Al_2O_3）：200（H_2O）。最后加入 120 μL 的 HF。

具体的合成过程如下：

（1）将拟薄水铝石溶解到去离子水中，期间用磁力搅拌器持续搅拌 30 min，以便使其充分溶解。

（2）在搅拌过程中，逐滴加入磷酸，继续搅拌 1 h，使反应物充分反应。

（3）将所得到的反应物放到 90℃ 烘箱里老化 30 min，冷却至室温后搅拌 30 min。

（4）在搅拌过程中，逐滴加入有机模板剂二异丙胺，继续搅拌 1 h，使物质充分混合。

（5）在搅拌过程中，逐滴加入氢氟酸，继续搅拌 18 h，使反应物充分反应。

（6）将反应物封装到有聚四氟乙烯内衬的反应釜中，160℃ 晶化 30 h。

（7）晶化结束，待反应釜冷却至室温后，将反应釜中物质冲洗多次，得到最终产物磷酸铝分子筛 AEL 晶体。

3.2.1.2　分子筛 AEL 的表征

利用扫描电子显微镜（JEM-2200FS）和 X 射线衍射仪（Rigaku D/max-2500，Cu K radiation，$\lambda = 0.15416$ nm）对分子筛进行形貌表征和结构确定。利用红外光谱仪（Bruker Vertex80V）对分子筛进行光谱表征。

图 3-1 为利用水热法合成的磷酸铝分子筛 AEL 晶体的扫描电镜图像。从图 3-1 中可以看出分子筛为一维棒状结构，样品尺寸约为 10 μm×10 μm×30 μm。实验中均选用相近尺寸的规则形貌分子筛晶体进行研究。

如图 3-2 所示为磷酸铝分子筛 AEL 晶体在常温常压下的 X 射线衍射图谱，图中每个峰均可指标化为正交结构的衍射，空间群为 *Ima*2。晶格参数分别为 $a = 1.32479(1)$ nm，$b = 1.86970(1)$ nm，$c = 0.83829(5)$ nm，晶胞体积 $V = 2.07642(5)$ nm^3，这与之前报道的结果相符[85-86]。

图 3-3 为合成的磷酸铝分子筛 AEL 晶体的红外光谱。在约 700 cm^{-1} 和 1100 cm^{-1} 处的振动峰分别对应分子筛骨架中四面体 TO_4（T 为 P 或 Al）的对称伸缩振动和反对称伸缩振动。低波数范围（500~600 cm^{-1}）是分子筛骨架中 T—O

图 3-1　水热法合成的磷酸铝分子筛 AEL 晶体的扫描电镜图像

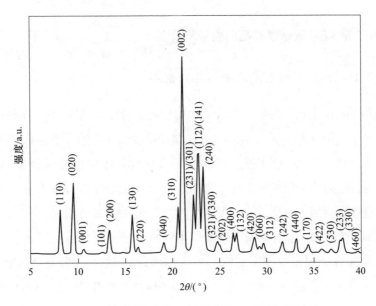

图 3-2　磷酸铝分子筛 AEL 晶体的 X 射线衍射图谱

的弯曲振动模式。刚合成的分子筛没有经过其他处理，孔道中含有有机模板剂分子二异丙胺（DIPA）。在 $1300\sim1600\ cm^{-1}$ 和 $2800\sim3200\ cm^{-1}$ 出现的弱的振动峰是源于 DIPA 分子中碳氢、氮氢振动[207-208]。磷酸铝分子筛 AEL 晶体的成功合成为下一步以其为模板制备一维碘链结构奠定了基础。

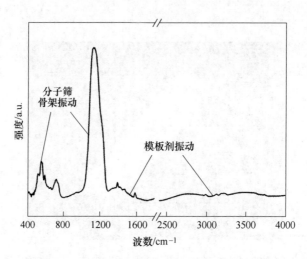

图 3-3　磷酸铝分子筛 AEL 晶体的红外光谱

3.2.2　分子筛 AEL 限域碘样品的制备与表征

3.2.2.1　分子筛 AEL 限域碘样品的制备

如图 3-3 中红外光谱所示，新合成出的磷酸铝分子筛 AEL 中存在模板剂二异丙胺。这种有机分子填充在一维孔道中，阻碍利用 AEL 的孔道为限域模板做进一步研究。因此，本书中的研究先将分子筛在氧气氛围中加热到 580℃高温煅烧48 h，以去除孔道中的模板剂分子。然后，将空孔的分子筛晶体和过量碘分别装在 "Y" 型管的两底端（如图 3-4 所示）。"Y" 型管顶端连接抽真空装置，当真空度达到 10^{-3} Pa 时，熔断玻璃管顶端，得到真空密闭系统。随后，将装有样品的密封玻璃管放置到精确控温的管式炉内加热到 200℃并保持 24 h。此温度下，碘转变为气相并扩散到分子筛空孔道中。分子筛的一维孔道可以作为模板指引碘在孔道中的排列。取出玻璃管中的磷酸铝分子筛 AEL 限域碘（I@AEL）样品，用酒精冲洗多次并将其在空气中放置数天以去除分子筛表面附着的碘。最终，将碘分子掺入分子筛，得到分子筛 AEL 限域碘样品。

3.2.2.2　分子筛 AEL 限域碘样品的表征

利用光学显微镜、EDX 能谱（SEM，JMS-6480LV 配带的能谱测试系统）和拉曼光谱仪（Renishaw inVia）对 I@AEL 复合材料进行表征。

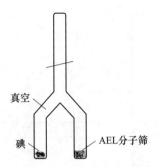

图 3-4 合成 I@AEL 所用到的 "Y" 型真空密闭管示意图

图 3-5a 和图 3-5b 分别是刚合成的 AEL 分子筛晶体和掺入碘的 AEL 晶体（I@AEL）的光学显微镜图像。将碘分子引入 AEL 孔道中，分子筛由原来的无色透明变为深红褐色。这种颜色的变化直观地说明了本书研究利用气相扩散法成功将碘掺入了孔道中。

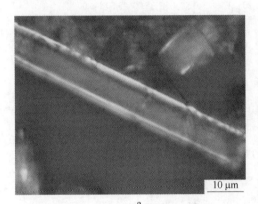

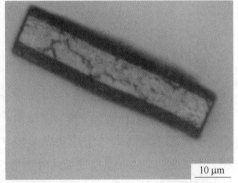

a   b

图 3-5 AEL 分子筛光学显微镜图像

a—磷酸铝分子筛 AEL 晶体的光学显微镜图像；

b—掺入碘的 AEL 晶体的光学显微镜图像

图 3-5 彩图

由于实验制备规则形貌的 AEL 产量低，不足以进行热重分析来判断 AEL 孔道中碘的比重，笔者测试了 I@AEL 的能谱图来粗略估算限域碘的含量。如图 3-6 所示，I@AEL 样品中碘的质量分数约为 18%。2012 年，Hu 等通过热重分析给出他们制备的 I@AEL 样品中碘的含量约为 10%[83]。本书相关实验所测得的数值比前人报道的结果略大。这可能和制备 I@AEL 样品的实验条件不同有关，本书实验中利用过量的碘并在 200℃高温加热 24 h，而 Hu 等是在 150℃加热 12 h。这说明利用过量碘、提高加热温度和延长加热时间有利于获得高碘填充度的 I@AEL

样品。AEL 分子筛一个晶胞包含两个一维主孔道，其原子组成为 $Al_{20}P_{20}O_{80}$，由此可以粗略计算出 AEL 晶胞中每个孔道里约有一个碘分子。

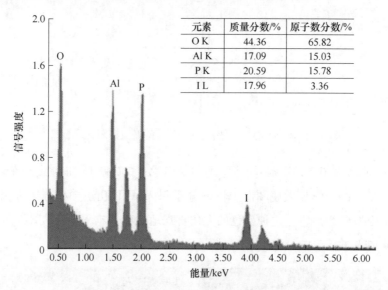

元素	质量分数/%	原子数分数/%
O K	44.36	65.82
Al K	17.09	15.03
P K	20.59	15.78
I L	17.96	3.36

图 3-6　I@AEL 样品的能谱图

图 3-7 为磷酸铝分子筛 AEL 和 I@AEL 样品的拉曼光谱，由图可知，与 I@AEL的拉曼谱相比，分子筛 AEL 振动的拉曼活性非常弱，基本观测不到振动峰，这进一步说明 AEL 是研究限域碘的理想模板材料。在 I@AEL 的低频段拉曼光谱中，可以观察到两个明显拉曼峰 197 cm^{-1} 和 215 cm^{-1}；通过洛伦兹多峰拟合，可以在约 207 cm^{-1} 处观测到另一个拉曼峰（见图 3-7b）。同时，相应的二阶拉曼散射和三阶拉曼散射清晰地呈现在 396 cm^{-1}、415 cm^{-1}、429 cm^{-1} 和597 cm^{-1}、620 cm^{-1}、641 cm^{-1}。固态碘的拉曼振动峰分别在 180 cm^{-1} 和189 cm^{-1}[209]，而气态碘的拉曼振动峰是在约 215 cm^{-1}[80]，限域在 AEL 孔道中的碘展示出不同于固态碘与气态碘的振动形式，这说明限域碘具有不同于常态碘的结构。先前的研究报道液态碘和非晶碘中存在链状碘结构，它们的拉曼振动峰分别在 175 cm^{-1} 和190 cm^{-1}[210-211]。在相似的分子筛限域碘体系 I@TON 和 I@AFI 中，碘分子链的振动峰则出现在 196 cm^{-1} 和 168 cm^{-1}[76,78]。这里，将在 197 cm^{-1} 的拉曼振动峰归属于限域在 AEL 孔道中碘分子链的振动。相比于前人利用 AEL 为模板制得的碘链（199 cm^{-1}）[80]，本书样品中碘链振动发生 2 cm^{-1} 的红移。这是因为本书中研究制备的 I@AEL 样品中碘含量相对较高，碘分子排列紧密，形成更长、更多的碘链。这样，碘分子间相互作用变强，碘分子内碘原子之间作用弱化，振

动力常数减小，拉曼峰出现红移现象。在 207 cm⁻¹ 和 215 cm⁻¹ 处的拉曼振动峰是孔道中类似气态碘分子的振动所产生的。光谱中碘链的振动峰明显强于碘分子的振动峰，说明本书中研究得到的样品为高碘填充浓度，孔道中有大量的碘链。

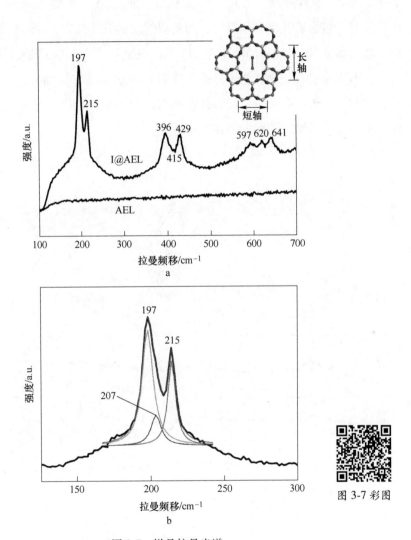

图 3-7　样品拉曼光谱

a—磷酸铝分子筛 AEL 和 I@AEL 样品的拉曼光谱；b—I@AEL 样品的拉曼光谱低频区域的拟合图

图 3-7 彩图

偏振拉曼光谱测试是判断限域在一维孔道中分子取向的有效手段。在 Zhai 等的低碘掺杂浓度 I@AEL 样品的偏振拉曼测试中，已将 207 cm⁻¹ 处的拉曼峰归

属为平行孔道轴向的碘分子振动[80]。图 3-8 是本书研究的 I@AEL 样品的偏振拉
曼测试相关图。如图 3-8b 所示的 VV 构型中，当转角 $\theta = 0°$ 时，碘链的振动峰最
强，随着转角从 0°增加到 90°，碘链振动峰逐渐减弱至消失。相反，类似气态碘
分子（215 cm^{-1}）的拉曼峰强度随角度增加而逐渐增大。如图 3-8c 所示的 VH 构
型中，两个拉曼峰在转角为 0°~45°逐渐增强而在 45°~90°逐渐减弱。由上可以判
断，碘分子链沿着孔道轴向排列，而类似气态碘分子（215 cm^{-1}）为垂直孔道轴
向。本书将 $\theta = 0°$ 时测得的峰位在 213 cm^{-1} 处的振动归属为准垂直孔道轴向的碘
分子（与孔道轴向夹角接近 90°的碘分子）振动。当 $\theta = 0°$ 时，这部分碘分子振
动强度在孔道轴向有分量，能够被探测到；而当 $\theta = 90°$ 时，这部分的碘分子振动
强度被垂直孔道轴向的碘振动强度所掩盖。

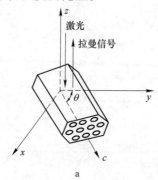

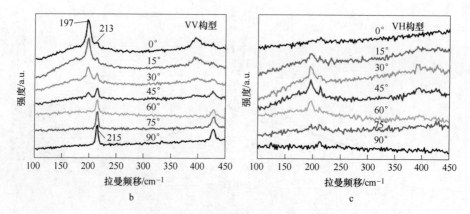

图 3-8　高压偏振拉曼测试相关图

a—偏振拉曼测试的示意图（入射光偏振方向沿 y 轴，沿着 z 轴方向传播；散射光沿-z 轴方向传播，
θ 为 y 轴与分子筛轴向（c 轴）夹角）；b—VV 构型下获得的偏振拉曼光谱
（VV 构型是入射光和散射光偏振方向平行）；
c—VH 构型下获得的偏振拉曼光谱（VH 构型是入射光和散射光偏振方向垂直）

综上，可知限域于磷酸铝分子筛 AEL 孔道中的碘以沿孔道轴向的碘链、平行孔道轴向碘分子、垂直和准垂直孔道轴向碘分子的形式存在。图 3-9 为 AEL 孔道中碘结构的示意图。本书后文中把平行孔道轴向碘分子形象地称为"躺着的"碘分子，而把垂直和准垂直孔道轴向碘分子形象地称为"站立的"碘分子。

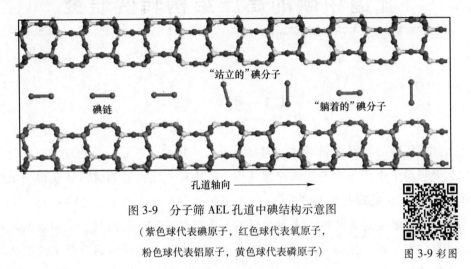

图 3-9　分子筛 AEL 孔道中碘结构示意图

（紫色球代表碘原子，红色球代表氧原子，

粉色球代表铝原子，黄色球代表磷原子）

图 3-9 彩图

3.3　本章小结

本章中研究利用水热反应法成功合成出具有规则形貌的微米级一维棒状磷酸铝分子筛 AEL 晶体。通过高温煅烧，去除孔道中的有机胺分子二异丙胺，得到空孔的分子筛晶体。这为下一步利用分子筛作为限域模板材料提供了便利。

利用气相扩散法制备出高碘填充浓度的 I@AEL 样品，通过拉曼光谱技术判断孔道中的碘以一维碘链、"躺着的"碘分子和"站立的"碘分子的形式存在。I@AEL 样品的成功制备有助于进一步研究限域碘的结构转变和动力学行为。

4 限域于磷酸铝分子筛 AEL 孔道中碘的高压结构转变研究

4.1 引　言

纳米尺度的原子/分子链光电性能优异，应用前景广阔，是物理学家、化学家以及材料学家们重点关注的对象[43-44,59]。具有一维孔道的材料是获得一维原子/分子链结构的理想模板[64-66,76-77]。本书第 3 章中，以分子筛 $AlPO_4$-11（AEL）为限域模板成功制备出 I@AEL 复合材料，孔道中的碘以一维碘链、"躺着的"碘分子和"站立的"碘分子的形式存在。这些游离的碘分子阻碍碘分子链沿孔道轴向连续排列而形成更长的链。如何控制孔道中游离的碘分子形成更长的碘链是亟待解决的问题。

研究发现，高压是调节纳米限域空间中分子取向、编织链状结构的一种有效手段。例如，在碳纳米管限域 C_{60} 体系中，利用压强调节碳管孔道中的 C_{60} 分子转动，可以逐步形成从二聚物到链状聚合物结构[212]。在限域碘体系的高压研究中，外压作用可以促使碳管中的 I_3^- 向长链 I_5^- 转变[68]。这激励人们将高压引入分子筛限域碘体系的研究中，探索分子筛限域空间中碘的结构转变并编织长碘链。Yao 等对限域于具有圆孔道［0.73 nm×0.73 nm］的磷酸铝分子筛 $AlPO_4$-5（AFI）中的碘进行了高压研究，发现压强可以调节分子筛的限域环境，调控碘分子取向以形成长碘链结构，并且这种长碘链结构在卸压后能够一定程度地保持下来[84]。

磷酸铝分子筛 AEL 是 AFI 的结构类似物，具有一维平行排列的椭圆孔道［0.44 nm×0.67 nm］。研究发现，两种一维限域环境中的碘分子具有不同的动力学行为。在 AFI 圆孔道中的碘分子可以自由转动[78,213]；而在 AEL 椭圆孔道中的碘分子有两种最优取向，并且只能在（101）面内转动，相当于失去了一个自由度，更容易被控制[80-82]。这将为人们操纵控制孔道中碘分子取向提供便利。因此，研究高压作用下 AEL 孔道中限域碘的结构转变是十分必要的。

本书对限域于磷酸铝分子筛 AEL 孔道中的碘分子展开高压研究，发现压强可以调节碘分子取向由垂直孔道轴向向平行孔道轴向转变，增加孔道中碘链数量。本书的研究将有助于深入理解限域于分子筛一维孔道中的碘的结构转变规律，为限域在纳米孔道中的其他双原子分子体系的高压结构研究提供重要指导，将深入人们对纳米限域体系的理解与认识。

4.2 实验与理论模拟方法

本章中的研究将对 I@AEL 样品进行原位高压拉曼光谱测试，探究限域孔道中碘在高压下的结构转变；对空孔 AEL 与 I@AEL 进行原位高压同步辐射 XRD 测试，对比分析分子筛骨架在高压下的结构转变。

实验中采用金刚石对顶砧（DAC）加压，金刚石砧面直径为 400 μm。选用 T301 钢作为封垫材料，将钢片预压到约 50 μm 厚，打直径为 120 μm 的孔作为样品腔。高压实验中以硅油作为传压介质。选红宝石作为压强标定物质，通过红宝石 R1 荧光峰随外压移动来计算压强。利用拉曼光谱仪（Renishaw inVia）对样品进行高压拉曼研究，激发光波长为 514.5 nm。

空孔 AEL 的高压同步辐射 XRD 实验是在美国康奈尔大学高能同步辐射光源（Cornell High Energy Synchrotron Source，CHESS）高压实验站完成的，X 射线波长为 0.0485946 nm。I@AEL 的高压同步辐射 XRD 实验是在美国布鲁克海文国家实验室（Brookhaven National Laboratory，BNL）的同步辐射光源（National Synchrotron Light Source，NSLS）完成的，X 射线波长为 0.0407220 nm。使用 Fit2D 软件对二维衍射环图样进行处理。

在理论模拟部分，本书参考国际沸石协会（IZA）网站上的磷酸铝分子筛 AEL 的晶体学数据构建 AEL 晶胞；将 AEL 晶胞每个孔道中碘分子数设定为 1；借助 Materials Studio 中的 CASTEP 模块，应用密度泛函理论，对 I@AEL 体系在不同压强下进行几何优化。模拟中采用超软赝势，应用广义梯度近似的方法，选取 PBE(Perdew-Burke-Ernzerhof) 交换关联涵。平面波截止能设定为 300 eV，选取小的 K 点网格（1×1×2）。借助 Materials Studio 中的 Forcite 模块，采用普遍力场（UFF）计算体系总能量。

4.3 结果与讨论

4.3.1 I@AEL 的高压拉曼光谱研究

图 4-1a 为高压实验中样品腔内的 I@AEL 样品，图 4-1b 为 I@AEL 的高压拉曼光谱。从图 4-1b 可知，随着压强增加，拉曼峰逐渐移动宽化，并且碘链与碘分子的拉曼峰相对强度变化，这说明限域于孔道中的碘在高压下发生了转变。达到 15 GPa 的高压，所有限域碘的拉曼峰消失。卸压的拉曼光谱不可逆，光谱中在 210 cm^{-1} 处存在碘分子的拉曼振动峰，在 200 cm^{-1} 处存在弱的碘链振动峰，说明孔道中碘结构在高压下受到不可逆的结构破坏。本书重点关注加压过程中碘的结构转变。图 4-1c 和图 4-1d 分别为碘链与"站立的"碘分子拉曼频移和积分强度比随压强的变化。随着压强增加，"站立的"碘分子拉曼峰位蓝移，而碘链的拉曼峰位红移；可以观察到碘链的拉曼峰位移动速度在约 6 GPa 后变缓。这种频移变化与分子筛 AEL 骨架在高压下的结构转变有关（以后讨论）。在 0~6 GPa，碘链与"站立的"碘分子的相对积分强度比随压强增加而增加，达到最大值后强度比下降。这反映出碘链与碘分子在孔道中相对数量的变化。在之前对限域碘的研究中，人们发现拉曼峰的强度与碘的数量紧密相关。低碘掺杂浓度的 AEL 分子筛拉曼光谱中仅存在"站立的"与"躺着的"碘分子的拉曼峰（207 cm^{-1} 和 214 cm^{-1}）；当碘掺杂浓度提高，孔道中碘分子间距离减小，有利于形成碘链，光谱中出现碘链的特征振动峰（199 cm^{-1}）[80-81]。因此，碘的拉曼峰强度变化能够很好地反映孔道中碘数量的变化。比如，Ye 等通过传统加热和激光加热研究 AFI 孔道中碘的结构转变[79]，发现温度作用下，孔道中碘链向碘分子的转变伴随着碘链拉曼峰强度降低和碘分子拉曼峰强度增加。在相似限域体系 I@SWCNTs 的高压拉曼研究中，饱和碘掺杂的碳管里限域 I_3^- 的峰强度随压强增加而减小，限域 I_5^- 的峰强度随压强增加而增加。这被理解为高压作用下消耗 I_3^- 形成更多 I_5^- [68]。在实验中，笔者发现在 0~6 GPa 压强范围，磷酸铝分子筛 AEL 孔道中的"站立的"碘分子数量减少，碘链数量增加。

4.3.2 I@AEL 的高压偏振拉曼光谱研究

目前，还不清楚外压作用下 AEL 分子筛孔道中的游离碘分子经历怎样的动

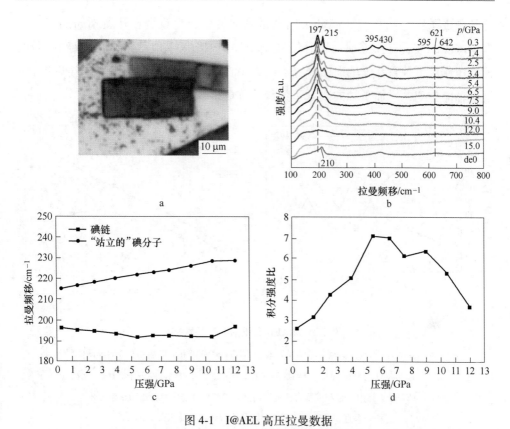

图 4-1 I@AEL 高压拉曼数据

a—高压实验中样品腔内的 I@AEL 样品；b—I@AEL 的高压拉曼光谱（频移范围在 100~800 cm^{-1}）；
c—碘链与"站立的"碘分子拉曼频移随压强变化；d—碘链与"站立的"碘分子积分强度比随压强变化

力学转变使碘链数量增加。偏振拉曼测量是判断限域在孔道中碘分子取向的有效手段。这里笔者首次将高压实验技术和偏振拉曼测量相结合，详细研究高压作用下分子筛 AEL 孔道中游离碘分子的转变。

在本书第 3 章图 3-8 中 I@AEL 的高压拉曼光谱研究中得知，AEL 孔道中的"站立的"碘分子以准垂直孔道和垂直孔道的形式存在。VV0°构型和 VV90°构型分别能够探测准垂直孔道和垂直孔道的碘分子的拉曼振动。图 4-2a 与图 4-2b 分别给出了两种碘分子积分强度百分比和拉曼频移随压强变化。由图 4-2 可知，这两种碘分子的转变存在明显差异。垂直孔道轴向碘分子积分强度百分比随压强增加而增加，准垂直孔道轴向碘分子积分强度百分比随压强增加而减少。前者的拉曼峰位显著蓝移而后者的拉曼峰位蓝移较缓。认为在加压过程中，分子筛骨架收缩，压强作用在孔道中"站立的"碘分子上，压缩碘分子内键，拉曼峰位蓝移。

这种压强诱导"站立的"碘分子向孔道轴向转变，导致垂直孔道轴向的碘分子数量减少，准垂直孔道轴向碘分子数量增加。如图 4-3 展示出一个清晰的图像，即外压作用下垂直孔道轴向的碘分子向准垂直孔道轴向转变，进一步这些碘分子沿着轴向排列，增加了轴向碘分子数量，有更多碘分子形成碘链结构。

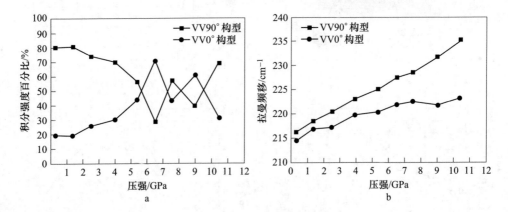

图 4-2　I@AEL 高压偏振拉曼数据

（$p_{VV0°} = I_{VV0°}/I_{VV0°} + I_{VV90°}$，$p_{VV90°} = I_{VV0°}/I_{VV0°} + I_{VV90°}$；VV0° 和 VV90° 指在 VV 偏振构型下，

偏振角分别为 0° 和 90° 分别探测到准垂直和垂直孔道轴向碘分子振动）

a—AEL 分子筛中垂直和准垂直孔道轴向碘分子的积分强度百分比随压强变化；

b—垂直和准垂直孔道轴向碘分子拉曼频移随压强变化

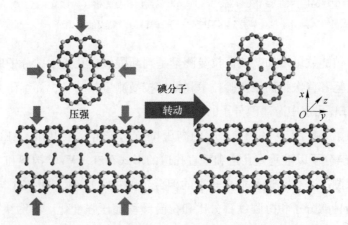

图 4-3　外压作用下 AEL 一维孔道中碘分子取向转变示意图

研究表明，碘分子内键的振动受分子间的相互作用影响显著。Hu 等的实验发现，当 AEL 孔道中"躺着的"碘分子周围充满水分子，其拉曼振动峰位于

193 cm^{-1}；若水分子被驱出孔道，"躺着的"碘分子拉曼峰移动至 207 cm^{-1}[83]。水存在时，"躺着的"碘分子拉曼峰位的红移与水对碘分子的作用有关。在几个分子筛限域碘体系中，链状结构的碘拉曼振动峰位分别在 166 cm^{-1}（I@AFI）[78]、196 cm^{-1}（I@TON）[76]和 199 cm^{-1}（I@AEL）[81]，相比于碘分子振动出现明显的红移。这是因为碘链中碘分子之间作用增强，弱化碘分子内碘原子键作用，振动力常数减小。在本书相关的实验中，压强使碘分子由垂直孔道轴向向平行孔道轴向取向转变，形成更多、更长的碘链。这减小了"躺着的"碘分子之间近邻碘原子的距离，碘分子内键弱化，因此碘链的拉曼振动峰位出现红移（见图 4-1c）。

需要指出，限域在磷酸铝分子筛 AEL 椭圆孔道中的碘链的峰位移动与笔者实验组之前研究的 AFI 圆孔道中的碘存在明显差异[84]。在 AFI 圆孔道中，高压作用下碘链峰位蓝移。笔者认为，这种显著的差异与两种磷酸铝分子筛的孔道限域环境有紧密联系。AEL 具有一维排列的椭圆孔道，而 AFI 中存在一维圆孔道。限域环境的不同使最初形成的碘链中碘分子之间的相互作用也存在差异。限域在 AFI 孔道中碘链的拉曼峰位在 166 cm^{-1}，而 AEL 孔道中的碘链的拉曼峰位在 197 cm^{-1}。这说明前者中碘分子之间相互作用较强，后者中碘分子之间相互作用相对较弱。当压强增加，分子筛骨架收缩，调节碘链中碘分子之间相互作用。对于 I@AEL 体系，碘链中碘分子之间相互作用增强，分子内原子间相互作用减弱，导致拉曼峰位红移。而在 I@AFI 体系中，碘链中碘分子间相互作用原本很强，外压作用下分子内键受压缩，碘链拉曼峰位蓝移。此外，笔者发现 AFI 孔道圆截面椭圆化发生后，孔道中碘链的转变和压强下峰位演化与 AEL 椭圆孔道中碘链变化相似。以上这些结果说明，限域环境对孔道中碘的转化有重要影响。

4.3.3　分子筛 AEL 与 I@AEL 的高压 XRD 研究

图 4-4 为以硅油为传压介质的空孔 AEL 分子筛的高压 X 射线衍射图谱，最高压强达到 15.5 GPa。低压下空孔分子筛的衍射峰均可归属于正交结构，空间群为 Ima2。随着压强增加，衍射峰向小 d 值方向移动，并伴随着峰的宽化和弱化，说明压强作用下晶面间距逐渐减小，分子筛结晶性变差。加压过程中没有发生新峰出现和旧峰消失的现象，即没有结构相变的发生。约 6.6 GPa 以后，可以看到初始正交相分子筛的衍射峰消失，这说明此时分子筛已经发生非晶化。从最高压卸回常压，非晶化转变不可逆。

图 4-5 为以硅油为传压介质的 I@AEL 的高压 X 射线衍射图谱，最高压强达

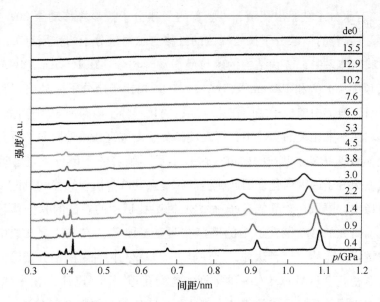

图 4-4   以硅油为传压介质的空孔 AEL 分子筛的高压 X 射线衍射图谱

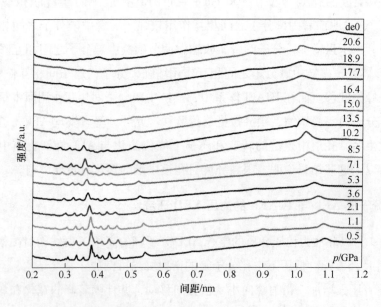

图 4-5   以硅油为传压介质的 I@AEL 的高压 X 射线衍射图谱

到 20.6 GPa。所有衍射峰同样可以归属于正交结构，空间群为 *Ima2*。加压过程中分子筛结晶性逐渐变差，但是没有结构相变的发生。值得注意的是，将碘分子引入 AEL 分子筛孔道后，骨架的高压行为发生明显的不同。当孔道中存在碘时，分子筛骨架在接近 20 GPa 时才非晶化,说明孔道中的碘对分子筛有支撑作用,这使分子筛的抗压性增强,非晶化压强明显提高。当把压强卸到常压,初始的正交结构部分恢复。

图 4-6 为 AEL 骨架结构示意图及 I@AEL 晶面间距随压强变化图。当分子筛孔道中存在客体碘分子,晶面间距较大并且不易压缩。图 4-7a 与图 4-7b 分别为两次实验中 AEL 骨架的晶格参数与晶胞体积随压强变化图。由图 4-7 可知,外压作用下,晶格参数与晶胞体积随压强增加而逐渐减小,分子筛骨架收缩。很明显,孔道中客体碘分子对分子筛 AEL 骨架起到支撑作用,使骨架膨胀并展示出抗压缩性。可以看出 I@AEL 样品的骨架晶面间距、晶格参数以及晶胞体积在压强小于 6 GPa 范围内展示出更高的可压缩性,压强大于 6 GPa 则可压缩性降低,尤其在晶胞体积变化上体现得更明显。这说明 I@AEL 体系在外压大于 6 GPa 后,骨架结构发生变化。

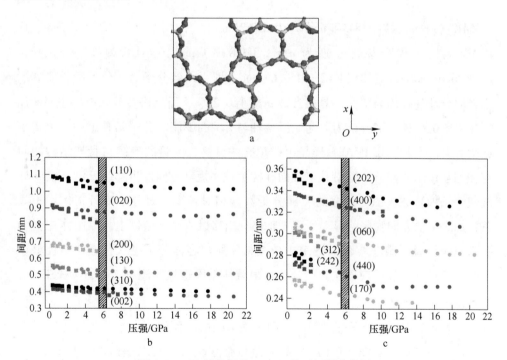

图 4-6 AEL 结构图及 I@AEL 晶面间距变化图

a—AEL 骨架结构示意图;b,c—晶面间距随压强变化(方块代表空孔 AEL,圆点代表 I@AEL 样品)

首先,通过线性拟合低压区(0~6 GPa)晶格参数与晶胞体积,可以粗略算出常压下分子筛骨架的晶格参数与晶胞体积。空孔 AEL 常压下晶格参数分别为 $a =$

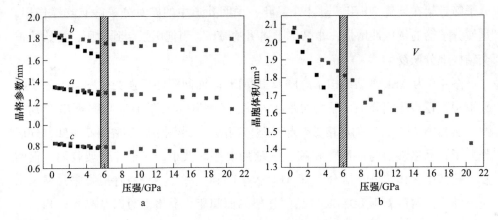

图 4-7　分子筛的晶格参数和晶胞体积变化图

（黑色方块代表空孔 AEL，灰色方块代表 I@AEL 样品）

a—AEL 与 I@AEL 的晶格参数随压强变化；b—AEL 与 I@AEL 的晶胞体积随压强变化

1.35412（1）nm，$b = 1.84348$ nm，$c = 0.83082$ nm，晶胞体积 $V = 2.07397(2)$ nm^3，而 I@AEL 常压下晶格参数分别为 $a = 1.35128(1)$ nm，$b = 1.85203(2)$ nm，$c = 0.83626(6)$ nm，晶胞体积 $V = 2.09159(6)$ nm^3；即引入碘分子后，分子筛骨架展示出各向异性的收缩与膨胀。晶格参数 a 减小 0.21%，而晶格参数 b 与 c 分别增加 0.46%和 0.66%。笔者认为 b 与 c 沿 y 轴与 z 轴的膨胀和分子筛孔道中一维碘链结构有关。实验所用 I@AEL 样品中碘填充浓度高，大量的碘链与骨架结构之间存在相互作用，使分子筛沿孔道轴向和椭圆截面短轴方向发生膨胀。沿 x 轴（椭圆截面长轴）方向的"站立的"碘分子数量相对较少，对分子筛骨架作用不显著，加之 y 轴方向膨胀明显，所以 x 轴呈现出略微收缩。整体上，晶胞体积 V 膨胀 0.90%，说明碘进入 AEL 孔道中使晶格膨胀。客体分子进入孔道使多孔材料膨胀、稳定性增加的现象在其他分子筛限域体系中也被观测到，如 N$_2$@AFI[180]、Ar@silicate[170]等。

　　如表 4-1 所示为分子筛骨架在不同压强区间的晶面间距斜率。在低压区（小于 6 GPa），（110）、（020）和（130）晶面随压强变化快，其次是（200）和（002）晶面。（020）晶面垂直于 y 轴，（200）晶面垂直于 x 轴，而（002）晶面垂直于孔道轴向。这说明分子筛骨架在 y 轴方向（椭圆截面短轴方向）压缩最快，在另外两个方向压缩相对较慢；表明分子筛在外压作用下，截面展示出扭曲的扁椭圆形态。从表 4-2 中的晶格参数随压强变化的斜率可知，沿着椭圆截面短轴方向的晶格参

数 b 压缩速率大于长轴方向的晶格参数 a 和孔道轴向的晶格参数 c 的压缩速率，说明分子筛骨架在压强下不均匀收缩，椭圆截面短轴方向压缩比长轴方向快。分析 AEL 骨架晶格参数与晶面间距压缩得到的结果一致。

表 4-1　空孔 AEL 与 I@AEL 的晶面间距随压强变化斜率　　　（nm/GPa）

晶面	（110）	（020）	（200）	（130）	（310）	（002）	（202）
空孔 AEL	-0.01605	-0.02045	-0.00660	-0.01149	-0.00476	-0.00517	-0.00469
I@AEL（小于 6 GPa）	-0.00657	-0.00428	-0.00311	-0.00343	-0.00290	-0.00326	-0.00297
I@AEL（大于 6 GPa）	-0.00308	-0.00250		-0.00154	-0.00164	-0.00164	-0.00168

晶面	（400）	（060）	（312）	（242）	（440）	（170）
空孔 AEL	-0.00203	-0.00257	-0.00473	-0.00485	-0.00362	-0.00316
I@AEL（小于 6 GPa）	-0.00231	-0.00252	-0.00170	-0.00371	-0.00224	-0.00187
I@AEL（大于 6 GPa）	-0.00127	-0.00099			-0.00072	-0.00098

表 4-2　空孔 AEL 与 I@AEL 的晶格参数和晶胞体积随压强变化斜率

项目	$a/(\text{nm} \cdot \text{GPa}^{-1})$	$b/(\text{nm} \cdot \text{GPa}^{-1})$	$c/(\text{nm} \cdot \text{GPa}^{-1})$	$V/(\text{nm}^3 \cdot \text{GPa}^{-1})$
空孔 AEL	-0.014363	-0.039879	-0.008959	-0.08284948
I@AEL（小于 6 GPa）	-0.008736	-0.016748	-0.007001	-0.4760484
I@AEL（大于 6 GPa）	-0.003624	-0.006246	-0.003156	-0.1668653

笔者发现在空孔 AEL 的（020）与（200）晶面压缩速率之比是 3.1，而 I@AEL（小于 6 GPa）的（020）与（200）晶面压缩速率之比是 1.4；即相比于空孔 AEL，填入碘分子的 AEL 在椭圆短轴方向压缩相对较慢，这是由于孔道中大量的碘链与椭圆截面短轴的相互作用阻碍了骨架收缩。然而，由于 I@AEL 样品中沿椭圆截面长轴方向（垂直孔道轴向）的"站立的"碘分子相对较少，对骨架的支撑较弱，此方向骨架收缩相对较快，这会导致孔道中"站立的"碘分子在外压作用下发生取向转变；即在 0~6 GPa 压强范围内，AEL 骨架结构展示出高的可压缩性，相应地孔道中的碘发生由垂直轴向到平行轴向取向转变，沿孔道轴向排列，增加碘链数量。由表 4-1 与表 4-2 可知，更高压强下（大于 6 GPa）分子筛骨架压缩率降低。这使骨架扭曲变形直至非晶化，进而使孔道中一维碘链结构受破坏。以上的高压 XRD 分析结果与本书前文高压拉曼光谱中得到的结论是一致的。

4.3.4　理论模拟高压下限域碘取向转变研究

如果分子振动过程中极化率改变，那么这种振动模式是有拉曼活性的。外压作用下，分子筛骨架对碘分子的作用是否会影响碘分子的极化率，进而影响其拉曼振动，下面将通过理论模拟研究加压过程中骨架与碘分子的相互作用对分子极化的影响。

　　首先，利用理论方法模拟 I@AEL 体系在加压过程中的电子密度分布，如图 4-8 所示。在 0 GPa，电子均局域在碘与分子筛骨架原子周围，碘分子与分子筛骨架之间的电子密度交叠甚微，电荷转移可忽略。碘不易从分子筛骨架上得到电荷。这与前人研究限域在碳纳米管中空孔道中的碘所观测到的结果不同，碳管与碘之间存在电荷转移，碘以离子链的形式存在[67-68]。理论模拟再次说明 AEL 分子筛是研究限域碘分子的理想模板材料。随着压强增加（4 GPa），碘与分子筛骨架之间没有发生明显的电荷交叠；进一步加压（8 GPa），电荷交叠仍然微弱，碘仍以分子的形式存在。那么，在外电场作用下，限域碘分子极化率变化受分子筛骨架作用的影响就可以忽略。因此可以判断高压拉曼实验中观测到的碘链拉曼峰增强及碘分子拉曼峰减弱的现象不是源于分子筛对碘极化性质的影响，而主要来自于孔道中碘分子取向转变。下面将细致研究高压作用下限域于 AEL 分子筛骨架中碘分子取向转变的机制。

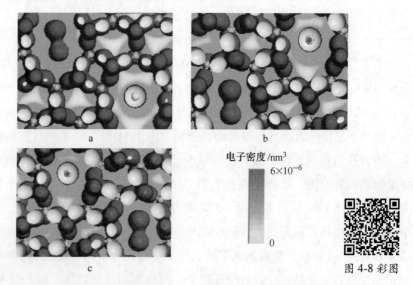

a

b

c

电子密度 /nm³

6×10⁻⁶

0

图 4-8 彩图

图 4-8　在不同压强下优化后的 I@AEL 体系电子密度分布图

a—0 GPa；b—4 GPa；c—8 GPa

　　利用理论模拟来研究分子筛 AEL 孔道中碘分子在高压下的最优取向。首先，构建一个晶胞并将每个孔道中放置一个碘分子，如图 4-9a 所示。然后通过几何优化得到每个压强点下 I@AEL 体系的最优结构。将平行孔道碘分子与垂直孔道碘分子分别沿孔道轴向平移，移动步长为 0.04 nm，并分别计算体系总能量。图 4-9b 为常压下 I@AEL 体系的总能量图，由图可知，在 d_1 和 d_2 区间范围内，碘分子平行孔道时体系能量最低，说明在这段区间内平行孔道的碘分子（"躺着的"碘分子）稳定存在；相应地，在 d_3 和 d_4 区间范围内垂直孔道的碘分子（"站立的"碘分子）稳定存在。随着压强增加，发现 d_1、d_2 增大，d_3、d_4 减小（见图 4-9c），说明外压作用下平行孔道碘分子（"躺着的"碘分子）稳定区间增大而垂直孔道碘分子（"站立的"碘分子）稳定区间减小。这样，外压增加时，碘分子更倾向于平行孔道轴向排列，即以"躺着的"碘分子形式存在，这与本书前文高压实验得到的外压增加碘链数量增加的结论一致。

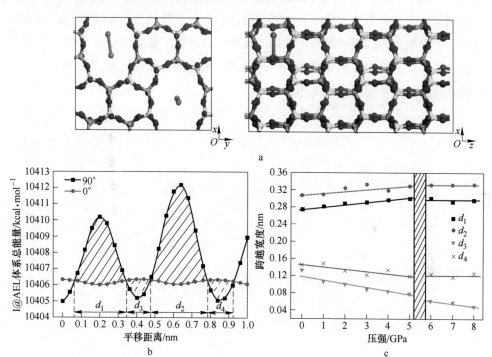

图 4-9 I@AEL 结构示意图、孔道中不同取向碘分子位置能量关系图和稳定区间图

a—I@AEL 在孔道轴向（z 轴）和椭圆截面短轴（y 轴）方向投影的结构示意图；

b—常压下沿孔道轴向平行移动碘分子计算得到的体系总能量（圆点代表移动与孔道夹角为 0° 的分子，即平行孔道轴向碘分子；方块代表移动与孔道夹角为 90° 的分子，即垂直孔道轴向碘分子；1 cal = 4.184 J）；

c—外压作用下平行和垂直孔道轴向碘分子稳定区间随压强变化图

图 4-9 彩图

4.4　本章小结

本章对限域于磷酸铝分子筛 AEL 一维椭圆孔道中的碘高压行为进行了研究。随着外压增加（小于 6 GPa），分子筛骨架结构收缩，截面由椭圆转变为扭曲的扁椭圆形态。分子筛骨架在长轴方向的收缩驱动孔道中的碘分子由垂直孔道轴向旋转到平行孔道轴向，增加了孔道中碘链的数量；同时，碘链中碘分子之间相互作用增加，相应的拉曼振动峰位出现红移现象。高压偏振拉曼实验和理论模拟清晰地展示出了限域空间碘取向转变的图像。更高压强下（大于 6 GPa），分子筛骨架扭曲严重，碘链受到破坏。本书将高压作为一种有效手段来操纵和控制限域空间碘分子取向并编织一维碘链结构。这种一维碘分子链状结构可以作为研究一维原子链并探究其量子超导特性的理想模型。本章的工作对研究其他纳米限域体系的高压行为有重要的指导作用。

5 限域于磷酸铝分子筛 AEL 和 AFI 孔道中碘的低温结构转变研究

5.1 引　言

　　操纵控制原子/分子并编织原子/分子链一直以来都是备受关注的热点问题[214-217]。本书第4章中,将高压技术与纳米限域效应相结合,研究高压下分子筛 AEL 椭圆孔道内限域碘的结构转变。高压作用使分子筛骨架结构收缩,分子筛的限域环境改变,迫使碘分子沿孔道轴向排列并形成长碘链。然而,在更高压下,分子筛的骨架结构发生不可逆的改变,最终使碘链破坏。那么,能否找到一种方法来操纵控制碘分子,且不对碘链产生破坏作用呢?

　　温度是重要的热动力学参数,温度极端条件能够有效调控分子的结构和动力学行为。实验和理论研究均表明,温度作用下限域空间中的物质能够展示出丰富的结构变化[218,142-151,155]。例如,低温下,金属有机配位聚合物 CPL-1 中吸附的氧分子形成一维梯子状阵列结构[218]。低温导致疏水碳纳米管内部的水分子形成有序多边形冰纳米管结构[142-151],而在亲水的 VPI-5 分子筛孔道中的水以取向有序的一维液体状结构存在[155];即在低温下,限域空间中的分子会构建成不同于体材料的新奇有序分子阵列。Ye 等利用传统加热和激光加热研究高温下限域于磷酸铝分子筛 AFI 孔道中碘的结构转变,发现加温过程中孔道内的碘存在碘链与碘分子之间的相互转变,这种新的结构转变丰富了人们对碘的相转变的认识[79]。这为人们操纵控制碘分子提供了一个很好的思路。目前还不清楚低温下限域碘分子会经历怎样的结构转变,因此详细研究低温对限域碘结构转变的影响是十分必要的。

　　本书对磷酸铝分子筛 AEL 和 AFI 限域碘体系 (I@AEL 和 I@AFI) 进行低温拉曼光谱研究,研究发现降低温度可以调控一维磷酸铝分子筛孔道中碘的结构和动力学行为,使碘分子由垂直孔道轴向向平行孔道轴向转变,增加沿孔道轴向的碘分子数量。对低温下分子筛 AEL 和 AFI 中碘分子的结构转变研究,有助于深入理解限域碘的转变规律，丰富对限域空间物质结构转变的认识，为其他限域体系的研究提供重要指导与帮助。

5.2 实验与理论模拟方法

本章中的研究将对 I@AEL 样品和 I@AFI 样品进行原位低温拉曼光谱测试，探究限域孔道中碘在低温下的结构转变。利用拉曼光谱仪（Renishaw inVia）对样品进行低温拉曼研究，激发光波长为 514.5 nm。将样品放置于自动控温台的样品室中，利用氮气对样品室进行清洗，排出样品室内的空气，防止水蒸气和氧气在降温过程中凝结而影响测试。液氮作为制冷剂，降温速度为 10℃/min，达到的最低温度为 -196℃。实验中，在每个温度下保持 5 min，以便进行拉曼光谱测试。

借助 Materials Studio 软件里的正则系综方法来研究降温过程中碘分子的动力学转变。首先，建立一个 2×1×10 的超胞，如图 5-1 所示。将孔道中的碘分子数量设定为 9~15 个，并作一系列的模拟。采用普遍力场（UFF）来描述碘分子与分子筛 AEL 骨架之间的相互作用。分别在 300 K 和 0 K 温度下对 I@AEL 进行优化。为了定量描述 AEL 孔道中的碘分子取向，首先定义碘分子内键与孔道轴向夹角为 θ，并计算所有碘分子与孔道夹角。这样，便可以得到不同温度下不同碘分子填充度的 AEL 孔道中碘的取向分布。

图 5-1 彩图

图 5-1 理论模拟用到的 I@AEL 模型

5.3 结果与讨论

5.3.1 I@AEL 低温拉曼光谱研究

图 5-2a 为 I@AEL 的低温拉曼光谱和恢复至常温（20℃）的拉曼光谱。据前人文献报道，限域在 AEL 孔道中的碘分子以碘链、"躺着的"碘分子和"站立的"碘分子形式存在[80-81]。在 20℃ 条件下，199 cm^{-1} 和 214 cm^{-1} 处的拉曼峰分别对应孔道中的碘链与"站立的"碘分子，相应的二阶拉曼峰分别出现在 400 cm^{-1} 和 427 cm^{-1}。"躺着的"碘分子拉曼峰被碘链拉曼峰覆盖，可以通过洛伦兹拟合观测到一个弱峰（207 cm^{-1}）。如图 5-2a 所示，随着温度降低，碘链和碘分子拉曼峰逐渐增强。明显地，碘链的拉曼峰比碘分子的拉曼峰变得更强更尖锐。降温过程中碘链与碘分子的拉曼峰峰位均向低频移动。这些拉曼光谱上的变化说明孔道中的限域碘在低温下发生了转变。由于碘链和"躺着的"碘分子的拉曼峰随温度降低而频移速度不同，温度降到 –196℃，可以在 389 cm^{-1}、397 cm^{-1} 和 425 cm^{-1} 清晰分辨出碘链、"躺着的"碘分子和"站立的"碘分子的二阶拉曼散射峰。值得注意的是在 170 cm^{-1} 处出现一个较宽的拉曼振动峰，此峰可能来源于碘离子链[64,68]。本书主要关注碘分子与碘链降温过程中的转变，不考虑离子链的变化。当温度升到常温，I@AEL 的拉曼光谱恢复，表明降温过程中碘的转变是可逆的。由于"躺着的"碘分子拉曼峰被碘链拉曼峰覆盖，不能够清晰分辨，因此为方便分析数据，将 I@AEL 基频的拉曼光谱进行洛伦兹双峰拟合，得到 199 cm^{-1} 和 214 cm^{-1} 两个拉曼峰，分别代表碘链和"站立的"碘分子的拉曼振动。实际上，此时碘链的拉曼峰是碘链和"躺着的"碘分子共同的贡献。图 5-2b 为碘链与"站立的"碘分子的拉曼频移随温度变化图。当温度降低，碘链的拉曼振动红移（3 cm^{-1}）比"站立的"碘分子拉曼振动红移（1 cm^{-1}）显著。

图 5-3a 和图 5-3b 分别为碘链与"站立的"碘分子的半高宽和积分强度比随温度变化图。在降温过程中，碘链与"站立的"碘分子半高宽减小，说明限域碘结构变为有序[203]。值得注意的是，碘链与碘分子的拉曼峰积分强度比随温度降低而逐渐增加，这说明在降温过程中孔道内的碘分子倾向于沿孔道轴向排列，使沿孔道轴向的碘数量增加。在本书第 4 章对 I@AEL 的高压拉曼光谱研究中也发现了类似的沿孔道轴向碘分子数量增加、碘链拉曼峰位红移的现象。高压实验

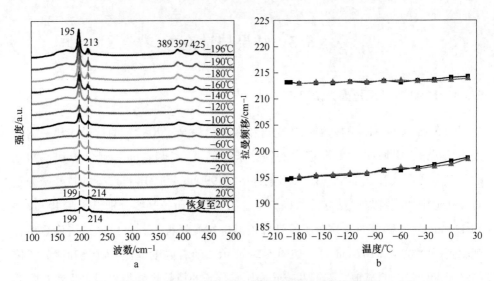

图 5-2   I@AEL 变温拉曼光谱和限域碘峰位变化图

a—I@AEL 样品的低温拉曼光谱和恢复至常温（20℃）后的拉曼光谱；

b—AEL 孔道中碘链和"站立的"碘分子的拉曼频移随温度变化（方块代表降温过程，三角代表升温过程）

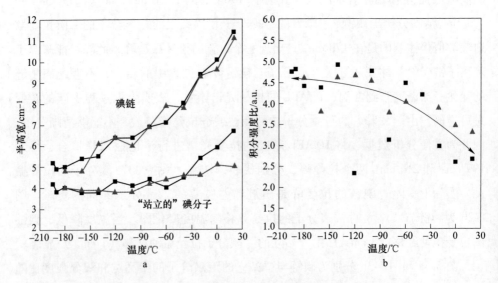

图 5-3   AEL 中限域碘的半高宽和强度变化图

（方块代表降温过程，三角代表升温过程）

a—碘链与"站立的"碘分子半高宽随温度变化；b—碘链与"站立的"碘分子积分强度比随温度变化

中，碘链的拉曼峰位向低频移动更显著。这种差别在于温度是一种温和的作用来限制碘分子热运动，而高压连续改变分子筛限域环境，使沿孔道轴向"躺着的"碘分子之间的相互作用更强。

5.3.2 理论模拟低温下限域碘取向转变

如图 5-4a 所示为 300 K 时理论模拟得到的低碘填充度 AEL 孔道中碘分子结构示意图，模拟中每个孔道填充 9 个碘分子。这里所构建的超胞是将原胞沿 z 轴扩 10 倍，相当于每个原胞孔道中有 0.9 个碘分子，与利用 EDS 粗略估算的 I@AEL 样品碘填充度为每个原胞孔道约含有 1 个碘分子相近。本书研究发现大多

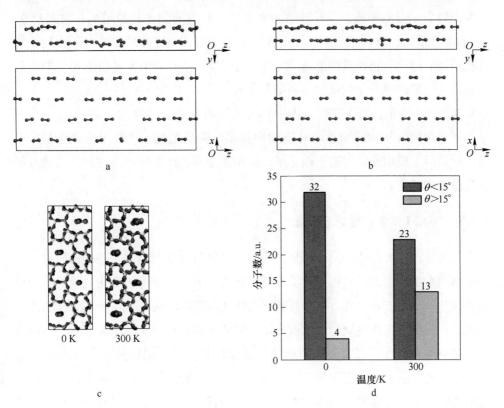

图 5-4 低碘填充度（9I$_2$/孔道）的 I@AEL 孔道中碘分子的示意图和分子取向分布柱形图

（为观测清晰，已删除分子筛骨架原子）

a—在 300 K 时，从 x 轴和 y 轴方向观测到的碘分子结构示意图；b—在 0 K 时，从 x 轴和 y 轴方向观测到的碘分子结构示意图；c—在 300 K 和 0 K 时，从孔道轴向观测到的碘分子结构示意图；d—300 K 和 0 K 时孔道中碘分子取向分布　图 5-4 彩图

（碘分子内键与孔道轴向夹角为 θ，当 $\theta<15°$ 时，认为碘分子沿孔道轴向）

数碘分子与孔道轴向（z 轴）之间的夹角较小。有些碘分子之间距离较近，可以形成碘分子链状结构。理论模拟的孔道中碘结构状态与本书前文对 I@AEL 样品的拉曼光谱分析得到的结果是一致的。实验中，也发现沿孔道轴向碘链的拉曼峰远强于"站立的"碘分子的拉曼峰，即沿孔道中轴向碘分子数量较多。这里，本书所构建的模型可以很好地描述实验中用到的限域于 AEL 孔道中的碘。

如图 5-4b 和图 5-4c 所示，降低温度到 0 K 时，碘分子与孔道轴向展示出更小的夹角，孔道中的碘沿轴向排列，结构变得更有序。图 5-4d 是 300 K 和 0 K 条件下孔道中碘分子取向分布柱形图，由此可以清晰看出降温过程中孔道中的碘分子取向转变。温度降低，与孔道轴向夹角 $\theta<15°$ 的碘分子数量增加，而夹角 $\theta>15°$ 的碘分子数量减少。这说明较低碘填充浓度时，温度降低后碘分子倾向于沿着孔道轴向排列。理论模拟的结果与本书前文对 I@AEL 的拉曼研究得到的低温导致沿孔道轴向碘分子数量增加的结果一致。

如图 5-5 所示，当构建的超胞中每个孔道填充碘分子增加到 15 个时，常温条件下多数碘分子倾向于垂直孔道轴向排列。降低温度，碘分子的取向基本不变。这是由于碘填充度提高，碘分子之间距离减小，相互作用增强，阻止碘分子向孔道轴向转变。

5.3.3 I@AFI 低温拉曼光谱研究

此部分，笔者选用不同碘填充浓度的 I@AFI 样品进行低温拉曼光谱研究。实验中利用少量的碘通过气相扩散法合成低碘掺杂 I@AFI 样品，利用过量的碘合成高碘掺杂 I@AFI 样品。图 5-6 为低碘填充浓度与高碘填充浓度的 I@AFI 样品的拉曼光谱。当碘填充浓度低时，拉曼光谱中只能观测到在 209 cm^{-1} 的碘分子的拉曼峰；当碘填充浓度提高，孔道中碘分子数量增加，分子间距减小，形成碘分子链。在拉曼光谱中可以观测到碘链（170 cm^{-1}）和碘分子（203 cm^{-1}、209 cm^{-1}）的拉曼峰。根据之前对 I@AFI 体系的偏振拉曼研究[84]，203 cm^{-1} 和 209 cm^{-1} 分别对应平行和垂直孔道轴向的碘分子，简称为"躺着的"和"站立的"碘分子。由图 5-7 中的能量色散谱可以粗略估算出低碘填充浓度 I@AFI 样品中碘的质量分数约为 5.1%，而高碘填充浓度 I@AFI 样品中碘的质量分数约为 11.9%。高碘填充浓度的 I@AFI 样品中碘的质量分数与之前 Ye 等热重分析高碘填充浓度 I@AFI 样品得到的 9.8% 的质量分数相近，并且这两种样品有相似的拉曼光谱[79]。

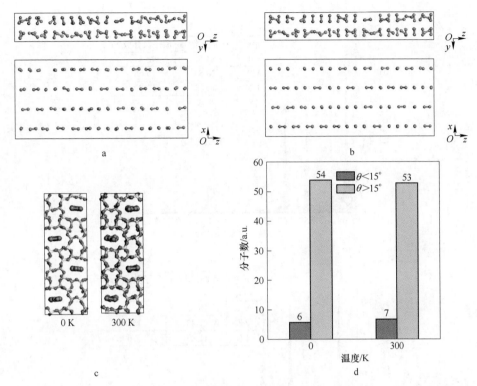

图 5-5　高碘填充度（15I$_2$／孔道）的 I@AEL 孔道中碘分子的示意图和分子取向分布柱形图

（为观测清晰，已删除分子筛骨架原子）

a—在 300 K 时，从 x 轴和 y 轴方向观测到的碘分子结构示意图；b—在 0 K 时，从 x 轴
和 y 轴方向观测到的碘分子结构示意图；c—在 300 K 和 0 K 时，从孔道轴向观测
到的碘分子结构示意图；d—300 K 和 0 K 时孔道中碘分子取向分布

图 5-5 彩图

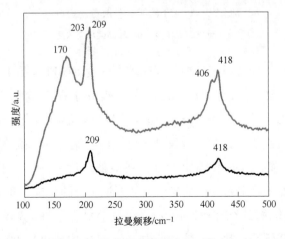

图 5-6　低碘填充浓度（黑色）与较高碘填充浓度（灰色）的 I@AFI 的拉曼光谱

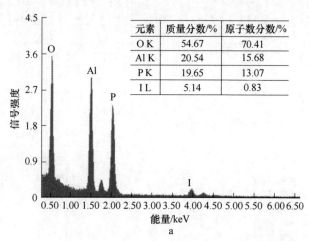

元素	质量分数/%	原子数分数/%
O K	54.67	70.41
Al K	20.54	15.68
P K	19.65	13.07
I L	5.14	0.83

a

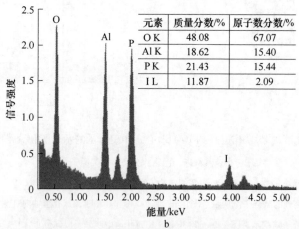

元素	质量分数/%	原子数分数/%
O K	48.08	67.07
Al K	18.62	15.40
P K	21.43	15.44
I L	11.87	2.09

b

图 5-7   I@AFI 的能量色散谱（EDS）

a—低碘填充浓度；b—较高碘填充浓度

如图 5-8 所示，随着温度降低，高碘填充浓度 I@AFI 样品中"躺着的"碘分子振动峰相对强度增加，并且"躺着的"碘分子振动峰由 203 cm^{-1} 红移至 201 cm^{-1}，而"站立的"碘分子的振动峰峰位不随温度变化。在低碘填充浓度 I@AFI 样品的低温拉曼光谱中，也发现了劈裂出"躺着的"碘分子的振动峰，峰相对强度随温度降低而逐渐增加。当达到最低温度−196℃，拉曼峰位红移至 201 cm^{-1}。当温度升至常温，拉曼光谱回复，说明碘的结构转变可逆。

这里，本书将偏振拉曼测量与低温光谱技术相结合来研究降温过程中碘分子的转变。如图 5-9 所示，常温拉曼光谱中，在 VV0°构型和 VV90°构型分别探测到

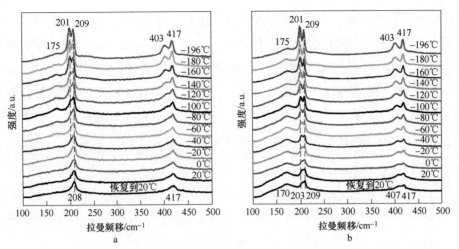

图 5-8 I@AFI 样品低温拉曼光谱和恢复至常温（20℃）后的拉曼光谱
（频移范围在 100~500 cm⁻¹）
a—低碘填充浓度；b—较高碘填充浓度

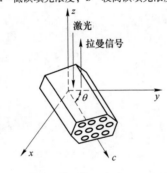

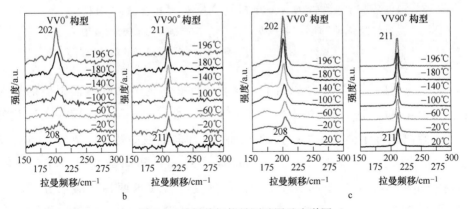

图 5-9 低温偏振拉曼测试图及光谱图
a—偏振拉曼测试的示意图（入射光偏振方向沿 y 轴，沿着 z 轴方向传播，散射光沿-z 轴方向传播；
θ 为 y 轴与分子筛轴向（c 轴）夹角）；b—低碘填充浓度 I@AFI 样品的光谱；
c—高碘填充浓度 I@AFI 样品的光谱

"躺着的"（208 cm⁻¹）和"站立的"（211 cm⁻¹）碘分子的拉曼振动峰。随
着温度降低，两种碘填充浓度的 I@AFI 样品中"躺着的"碘分子拉曼振动峰
强度都显著增加。图 5-10a 与图 5-10b 分别为"躺着的"与"站立的"碘分
子的拉曼峰位移动与峰积分强度比。"躺着的"碘分子拉曼峰明显红移并且
其与"站立的"碘分子拉曼峰强度比增加。I@AFI 的低温拉曼光谱实验表
明，在一维圆孔道的 AFI 中发生由"站立的"碘分子向"躺着的"碘分子的
转变。

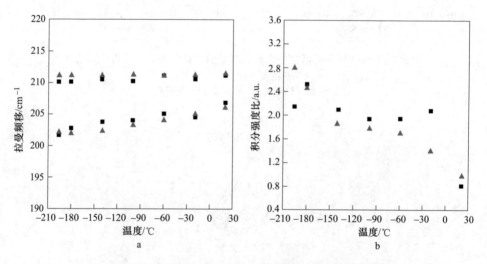

图 5-10　碘分子拉曼峰位移动与峰积分强度比随温度变化图

（方块代表低碘填充浓度 I@AFI 样品，三角代表高碘填充浓度 I@AFI 样品）

a—"躺着的"碘分子与"站立的"碘分子拉曼峰位移动随温度变化；

b—"躺着的"碘分子与"站立的"碘分子拉曼峰积分强度比随温度变化

需要说明的是，本书中以目前的实验条件获得的 I@AFI 样品中碘的填充
浓度远小于 AFI 孔道中的最大碘填充浓度 35.6%[79]。因此，AFI 一维圆孔道
中存在游离碘分子会发生由垂直轴向到平行轴向的取向转变。笔者在具有相
近尺寸的圆孔道分子筛 AFI[0.73 nm×0.73 nm] 和椭圆孔道分子筛 AEL
[0.44 nm×0.67 nm] 中都发现了相似的转变，说明这两种磷酸铝分子筛一
维孔道的几何形态（椭圆或圆孔道）对孔道中的游离碘分子低温取向转变影
响不显著。目前还不清楚孔道尺寸、骨架化学组成对碘取向转变有何影响，
这将值得做进一步的详细研究。

5.4 本章小结

通过实验手段，本章对磷酸铝分子筛 AEL 和 AFI 限域碘体系（I@AEL 和 I@AFI）进行了低温拉曼光谱研究，探究降温过程中碘分子的结构转变。研究发现，通过降温可以成功地操纵控制一维磷酸铝分子筛孔道中碘分子取向。降低温度使碘分子由垂直孔道轴向向平行孔道轴向转变。分子动力学模拟和偏振拉曼测试都清晰地展示出了孔道中碘分子取向转变。温度恢复至常温，碘取向转变可逆。本书中找到了一种有效可逆控制限域碘分子取向的方法，限域碘取向的这种特性将使其在低温敏感纳米器件的研发方面有潜在的应用。对限域于 AEL 和 AFI 中碘分子低温拉曼光谱研究丰富了对限域碘的结构变化的认识，有助于总结限域碘的转变规律，为其他纳米限域体系的研究提供重要指导。

6 限域于磷酸铝分子筛 AEL 孔道中水的红外光谱研究

6.1 引　言

近几十年，探索限域空间中水的结构和特性受到人们的广泛关注。人们发现，限域在小孔道中的水分子展示出丰富的氢键结构，如 Li-ABW 和 bikitaite 中的一维链结构、natrolite 中的纳米螺旋结构、silicalite 中的团簇结构以及 AlPO$_4$-5 ［0.73 nm×0.73 nm］和 SSZ-24 ［0.70 nm×0.70 nm］中的螺旋冰状纳米管结构等[156-159,162]。然而，通过实验方法研究限域于小孔分子筛中水结构的相关报道还非常少，这值得去进一步的研究与探索。

磷酸铝分子筛 AEL 是另一种常见的小孔 ［0.44 nm×0.67 nm］分子筛，由磷氧四面体和铝氧四面体交替排列构成具有一维平行排列椭圆孔道的开放骨架结构[85-86]。AEL 骨架上的铝原子对水具有亲和性，因此分子筛 AEL 展示出亲水的特性[219]。水吸收等温线表明，分子筛最初吸水量较少，随后出现一个吸水量的等压增加。这种不寻常的吸水被理解为：水分子先吸附在孔道内亲水位置，增加孔道内的亲水点，随后导致吸水量显著增加[161]。吸水实验表明水与分子筛 AEL 骨架的相互作用是十分重要的。先前的 X 射线衍射和核磁共振研究并未给出孔道中水的氢键结构，而仅仅指出部分水分子可能的位置[86]。Pillai 等利用理论模拟的方法发现水分子可以在 AEL 孔道中形成一种六角冰状结构[164]。然而，理论模拟中仅考虑水分子与分子筛骨架之间的弱氢键相互作用而并未考虑水分子与铝原子的配位作用。因此，孔道中水分子的结构仍有待进一步研究。

由上可知，探究常压下分子筛 AEL 中水的氢键结构是一个重要的科研课题。水分子的红外吸收很强，对限域水的红外光谱研究将是揭示限域空间水的氢键结构的一个非常有效的方法。本书中，笔者首次探测分子筛 AEL 吸水过程中的红外光谱变化并判断孔道中水的结构。光谱研究表明，孔道中的水的存在形式为类冰状结构、类液态水结构、水的低聚物以及与骨架中的铝配位的水分子。类液态水结构的出现与分子筛孔道高度限域效应有紧密关系。水与骨架结构之间特殊的配位作用促使形成类冰状结构。分子筛孔道空间限域尺度和水与孔道相互作用共同决定孔道内水的氢键结构。

6.2 实 验 方 法

实验中所用到的磷酸铝分子筛 AEL 是利用水热法制备的。在 580℃ 高温下煅烧 48 h 以去除孔道中的模板剂，得到空孔的分子筛。采用德国 Bruker Vertex 80 V 红外光谱仪进行中红外光谱测试，仪器装备液氮冷却的 MCT 探测器。光谱分辨率为 4 cm^{-1}，扫描次数为 256，扫描范围在 400~4000 cm^{-1}。实验中，测试分子筛吸水过程中的红外光谱变化。首先，以金刚石对顶砧压机为样品架，将预压成薄片的分子筛样品放于金刚石砧面上。随后，将样品架放置于样品腔中的光路上准备测试。对样品腔抽真空，同时也抽出分子筛孔道中先前吸附的水分子，以便随后研究空孔分子筛吸水过程中的光谱变化。然后，将空气通过样品腔外的小孔引入样品腔（如图 6-1 所示），由于 AEL 分子筛具有亲水性，空气中的水分子会逐渐吸附进入分子筛孔道中。室温为 293 K，空气相对湿度（relative humidity，RH）为 29% 或 95%。减除空气中水汽的吸收峰，防止其对吸入孔道中水的红外光谱的影响。

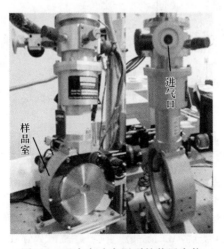

图 6-1 吸水实验中用到的装置实物

6.3　结果与讨论

人们在对水的红外光谱研究中发现水分子的伸缩振动对其所处的局域环境极其敏感。自由水分子的对称伸缩振动 ν_1 和不对称伸缩振动 ν_3 分别在 3657 cm^{-1} 和 3756 cm^{-1}[220]。当水分子形成复杂的氢键结构，其红外光谱中伸缩振动峰峰型、峰强度和峰位会发生显著变化。随着水分子形成氢键程度的不同，伸缩振动峰红移 200~400 cm^{-1} 不等[221-222]。与此相反，水分子弯曲振动峰随着其形成氢键而发生蓝移。气态水的弯曲振动峰峰位为 1595 cm^{-1}，液态水的弯曲振动峰峰位为 1645 cm^{-1}，而固态冰的弯曲振动峰蓝移到 1702 cm^{-1}[220,223-224]。由上可知，水的红外振动与其所形成氢键结构紧密相关。这里，本书利用红外光谱技术研究分子筛 AEL 吸水过程中的光谱变化，分析判断限域在分子筛纳米孔道中水的结构。

6.3.1　分子筛 AEL 吸水前后红外光谱研究

图 6-2 为磷酸铝分子筛 AEL 吸水前后红外光谱对比图。由图 6-2 可知，吸水前后的红外光谱存在明显的差异。刚合成的分子筛孔道中有模板剂二异丙胺分子。在 2800~3200 cm^{-1} 波数区域和 1300~1600 cm^{-1} 波数区域的振动峰源于模板剂中的 C—H 和 N—H 基团的振动。在此光谱中并未观测到水的红外吸收，说明

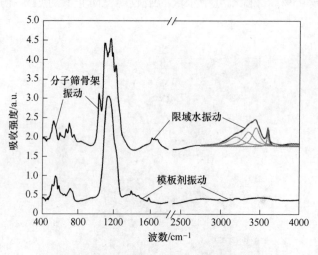

图 6-2　磷酸铝分子筛 AEL 吸水前后的红外光谱

（下面是未吸水的 AEL 的光谱，上面是煅烧后吸水的 AEL 的光谱，
其中绿色线是洛伦兹多峰拟合后得到的分峰，红色线是拟合谱线）

图 6-2 彩图

没有水吸附在分子筛孔道内部和外表面。分子筛经过煅烧和吸水之后，在 3000~4000 cm^{-1} 波数范围和约 1600 cm^{-1} 分别出现水的伸缩振动峰和弯曲振动峰。此外，分子筛骨架中 TO$_4$（T 为 P 或 Al）四面体不对称伸缩（约 1100 cm^{-1}）和对称伸缩（约 700 cm^{-1}）以及 T—O 弯曲振动（500~600 cm^{-1}）发生显著变化。这表明有水分子吸入分子筛 AEL 空孔道中并与分子筛骨架相互作用，进而影响 TO$_4$ 四面体的振动。先前的 X 射线衍射研究就曾指出水的吸附使 AEL 分子筛骨架扭曲，降低结构对称性，发生由空间群 *Ima*2 到 *Pna*2$_1$ 的结构转变[219]。

6.3.2 限域于分子筛 AEL 孔道内水的红外光谱研究

图 6-3 为磷酸铝分子筛 AEL 吸水过程中孔道内水的红外光谱随时间变化图。吸水初始阶段，可以在水的伸缩振动区域观测到 3 个伸缩振动峰，分别为 3215 cm^{-1}、3459 cm^{-1} 和 3571 cm^{-1}。随着分子筛吸水量的增加，这 3 个振动峰强

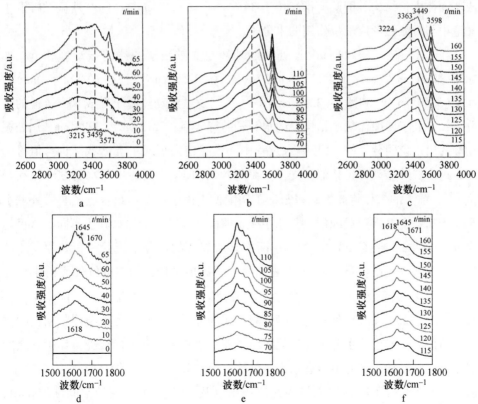

图 6-3 磷酸铝分子筛 AEL 吸水过程中孔道内水的红外光谱随时间变化图

a~c—伸缩振动区域；d~f—弯曲振动区域

度逐渐增加。分子筛吸水 65 min 后，红外光谱中水的伸缩振动峰强度显著增加并且峰型发生变化，在约 3350 cm⁻¹ 处出现一个新峰。吸水饱和后，可以通过洛伦兹多峰拟合发现 4 个伸缩振动峰，分别在 3224 cm⁻¹、3363 cm⁻¹、3449 cm⁻¹ 和 3598 cm⁻¹。在弯曲振动区域，最初在 1618 cm⁻¹ 处可以观测到一个吸收峰。吸水增加，在高频区域出现两个吸收峰 1645 cm⁻¹ 和 1671 cm⁻¹。磷酸铝分子筛 AEL 孔道中的水分子与固液气态水在红外光谱上有明显的差异[225]，说明限域于分子筛一维孔道中的水以不同的氢键结构存在。

伸缩振动是水分子的特征振动，可以通过限域水的伸缩振动来分析判断孔道中水的结构。笔者发现 3459 cm⁻¹（3449 cm⁻¹）处的伸缩振动峰与水铝矿侧切面上氢氧基团的 3460 cm⁻¹ 振动峰相近。Phambu 等将此振动峰归属为 $AlOH_2^{1/2+}$ 和 $AlOH^{1/2-}$ 或是它们与水分子形成的氢键结构所产生的[226]。由先前文献报道可知，磷酸铝分子筛骨架中的铝有亲水性，铝原子与水作用后会由四面体配位结构转变成八面体配位结构。因此，推断位于 3459 cm⁻¹（3449 cm⁻¹）的红外振动峰源于孔道中与骨架铝形成配位作用的水分子。

在 3215 cm⁻¹（3224 cm⁻¹）处的红外峰与文献报道的冰的振动峰相近，如冰 Ⅰ（3220 cm⁻¹）、冰 Ⅱ（3225 cm⁻¹）、冰 Ⅸ（3250 cm⁻¹）、冰 Ⅳ（3235 cm⁻¹）、冰 Ⅴ（3250 cm⁻¹）和冰 Ⅵ（3245 cm⁻¹）[227-228]。这些振动峰源于形成 4 个氢键的水分子，是处于四面体氢键结构中的水分子的特征峰。3215 cm⁻¹（3224 cm⁻¹）处振动峰的出现说明分子筛 AEL 吸水过程中一维孔道内形成了类冰状结构。值得一提，这个红外振动峰位相似于先前文献报道的 BaF_2 表面的界面水的红外振动峰位[229]。前人的工作将此振动峰归结于四配位表面水，即一个水分子与另外三个水分子和一个 Ba^{2+} 形成配位。与冰中处于四面体氢键结构的水分子不同，这里的水分子中的氧与一个 Ba^{2+} 配位作用而不是从邻近的水分子接受一个氢原子。此外，高空气湿度条件下，α-Al_2O_3 表面会形成冰层结构，相应的红外光谱中也在 3200 cm⁻¹ 处出现振动峰[225]。考虑到水与骨架铝原子之间特殊的配位作用，将 3215 cm⁻¹（3224 cm⁻¹）处的红外振动峰归属为分子筛一维孔道中类冰状结构的水分子的振动，这里的水分子与骨架铝原子和其他三个水分子形成配位作用。众所周知，在常温常压条件下液态水不易结冰。而在磷酸铝分子筛 AEL 一维孔道中，由于水分子与分子筛骨架之间的配位作用以及 AEL 一维孔道的空间限域作用，发现水以稳定的类冰状结构存在。这一发现与在 fluid-wall 相互作用强于 fluid-fluid 相互作用的限域体系中观测到的准低温效应一致[54]。至于在 3571 cm⁻¹

（3598 cm^{-1}）处的振动峰，可归结为水分子的二聚物或三聚物。这种水分子低聚物中的氢原子与分子筛骨架中的氧形成弱的氢键作用[230]。

在之前对限域水的研究中，Zhao 等理论预测到高度纳米限域环境将会破坏水中氢键结构，并且不满足形成冰的规则（水分子与邻近 4 个水分子形成氢键结构）[231]。此外，在对限域于 AlPO$_4$-54 一维圆孔道（$d=1.2$ nm）中的水的理论模拟研究中，人们发现纳米孔道的曲率效应使孔道中心不易形成四面体氢键结构[155]，即孔道中水的氢键结构受到纳米孔道限域环境的影响显著。考虑到磷酸铝分子筛 AEL 的一维椭圆窄孔道[0.44 nm×0.67 nm]，这种小孔道不能够容纳像体相冰中的四面体氢键结构。当吸水量增加时，孔道中可能形成有 1 个或 2 个断裂氢键的结构[232]。这种结构的水分子显示出类似液态水的振动性质。因此，将新出现的红外峰（3359 cm^{-1}）归属为类液态水的振动。在弯曲振动区域，观测到在 1645 cm^{-1} 处的峰与液态水的弯曲振动峰峰位一致，这也证明了类液态水结构的存在。磷酸铝分子筛 AEL 的高度限域环境是孔道中形成类液态水的重要因素。

在水的弯曲振动区域，1671 cm^{-1} 处的弯曲振动峰与微孔非晶冰在 1670 cm^{-1} 处观测到的弯曲振动峰相近[233]，这可能源于类冰状的结构。在 1618 cm^{-1} 处的振动峰比气相水的弯曲振动（1595 cm^{-1}）发生稍微蓝移[220]。笔者认为此峰源于物理吸附的水分子低聚物。对限域水的红外光谱分析中，弯曲振动区域峰归属与伸缩振动区域峰归属是一致的。因此可以得出结论：在磷酸铝分子筛 AEL 孔道中的水以类冰状结构、类液态水结构、水的低聚物以及与骨架中的铝配位的水分子形式存在。

图 6-4 为孔道中不同氢键结构红外吸收峰半高宽与总吸收峰面积随时间变化曲线。随时间增加，红外吸收峰半高宽变窄。这说明磷酸铝分子筛一维孔道拓扑结构有助于限域水形成一维有序氢键结构。限域水红外吸收峰的强度与孔道中水分子的数量紧密相关。由图 6-4b 中总吸收峰面积随时间变化曲线可知，最初孔道中吸附的水分子数量较少，65 min 后孔道中水分子数量突然增加。这是由于最初吸附的水分子与分子筛骨架之间作用，增加了孔道中的亲水点，所以随后孔道内水分子数量显著增加。

这里，本书利用红外光谱研究分子筛 AEL 吸水过程中光谱变化及孔道中水的结构。研究表明，孔道中的水以化学吸附的水和物理吸附的水形式存在，其中化学吸附的水包括与骨架铝配位的水和类冰状结构，物理吸附水包括类液态水与

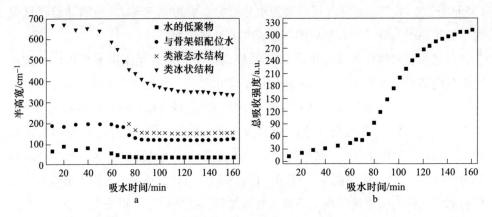

图 6-4　磷酸铝分子筛 AEL 内限域水的红外数据图

a—磷酸铝分子筛 AEL 孔道内不同氢键结构水红外吸收峰半高宽随时间变化；

b—不同氢键结构水红外伸缩振动峰总吸收峰面积随时间变化

水的低聚物。这些结构共同构成 AEL 分子筛孔道中的一维有序水氢键结构。与这种纳米孔道不同，亲水介孔分子筛中的水分子展示出迥异的结构：其中一部分水分子在孔道中心形成水核，另一部分与孔道交界面的水分子与骨架 Si—OH 基团作用，形成 0.6 nm 的不可结冰的水层[155]。而在疏水的碳管和石墨烯层间的水分子则构成管状和层状结构[142,231]。以上结果说明，纳米孔道的空间限域环境和水与孔道侧壁之间的相互作用共同对限域水的结构有重要影响。

6.3.3　空气相对湿度对分子筛 AEL 吸水的影响

在 6.3.2 节研究了分子筛吸水过程中的光谱变化并分析了孔道中限域水的结构。实验中温度为 293 K，空气相对湿度为 29%（29% RH）；随后，提高空气湿度（95% RH）并研究提高空气相对湿度对分子筛吸水与孔道中水结构的影响。图 6-5a 为不同空气相对湿度条件下分子筛吸水饱和后的红外光谱，由图可知，提高空气相对湿度后分子筛吸水饱和光谱没有明显差别，这说明空气相对湿度增加对分子筛孔道中水的结构没有显著影响。图 6-5b 为两种条件下归一化的限域水伸缩振动峰总面积随时间变化图。当空气相对湿度较低时，分子筛吸水量较少，吸水初始阶段伸缩峰总面积变化不明显。经过约 65 min，分子筛吸水量增加，伸缩峰总面积明显增加。经过约 160 min，分子筛吸水趋于饱和。与低空气相对湿度条件相比，提高空气相对湿度后伸缩峰总面积增加速度变快。经历约 80 min，吸水趋于饱和。这说明提高空气相对湿度使分子筛吸水速度显著增加。

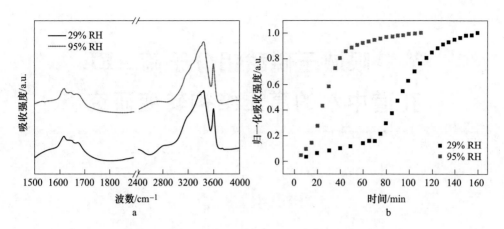

图 6-5　不同空气相对湿度下限域水的红外数据对比

a—在空气相对湿度为 29%（29% RH）和 95%（95% RH）条件下分子筛 AEL 吸水饱和后
的限域水的红外光谱；b—归一化的限域水伸缩振动峰总面积随时间变化

6.4　本章小结

　　本章利用红外光谱技术研究了磷酸铝分子筛 AEL 吸水过程中的光谱变化并分析判断了孔道中水的氢键结构。研究表明，孔道中的水以化学吸附的水和物理吸附的水形式存在，其中化学吸附的水包括与骨架铝配位的水和类冰状结构，物理吸附水包括类液态水结构与水的低聚物。这些结构共同构成 AEL 分子筛孔道中的一维有序水氢键结构。类液态水结构的出现与分子筛孔道高度限域效应有紧密关系。水与骨架结构之间特殊的配位作用促使形成类冰状结构。分子筛孔道空间限域尺度和水与孔道相互作用共同决定孔道内水的氢键结构。提高空气的相对湿度使分子筛吸水速度增加，但是对分子筛孔道内水的氢键结构影响不大。此外，这一研究结果将有助于深入理解限域空间中水的结构、振动性质以及水与限域模板之间的相互作用。

7 限域于磷酸铝分子筛 AEL 孔道中水的高压结构转变研究

7.1 引　　言

以往，人们对水结构的研究主要集中在体相水。据笔者所知，水的氢键结构对外部压强与温度非常敏感。到目前为止，人们已经发现在压强和温度共同调控下的体相水存在至少 15 种晶体结构和 3 种非晶结构[91-123]。近年来，随着科学技术的不断进步，人们逐渐认识到水还以另外一种形式存在，即限域水。比如存在于生物薄膜、黏土、岩石等的空隙中的水分子[127-130]。由于界面作用和空间限域效应，限域水的氢键构型发生异常，使得限域水具有和体相水完全不同的结构和性质。在最近的理论研究中，人们发现限域于疏水碳纳米管中的水分子会以多边形管状结构存在，即"冰纳米管"。这种"冰纳米管"可以看成是堆垛的多边形环，并且管径随着碳管直径的增加而增加[133-137]。相似地，限域于石墨烯层间的水会随着层间距的逐渐增大而展示出单层、双层以及三层水等多种形态[39]。限域空间尺度对水的氢键结构的调控极大地丰富了人们对限域水结构的认识。

目前，人们很难找到限域空间尺度连续变化的同一类型的限域模板材料，以满足在实验上详细研究限域空间尺度对水氢键结构的影响。比如，碳纳米管是一种很好的限域材料，但合成出来的碳管管径分布不均一，合成一系列不同管径且每种管径都均一的碳管还很难实现。因此，在实验上研究限域空间尺度对水的氢键结构的影响是具有挑战性的。高压可以逐渐缩短原子之间的距离，是连续调节限域空间尺度的有效手段[84,180-184]。此外，高压也是一种探究物质结构相变的重要方法[91-119]。将高压技术与限域效应相结合，利用高压调控限域环境，同时研究限域空间中水的结构变化将是一个全新的科研领域。这将为总结限域水结构变化规律以及探索限域环境下水的新结构新现象提供一个重要的思路和方法。

在本书第 6 章中，成功地将水引入磷酸铝分子筛 AlPO$_4$-11（AEL）一维孔道中，并通过红外光谱判断出限域水以类冰状结构、类液态水结构、水的低聚物以及与骨架中的铝配位的水分子四种结构存在。这为对限域水的进一步研究奠定了基础。本章中引入了高压技术，探究高压下 AEL 中水的结构转变。同时，选用能够进入孔道的传压介质氩，探究氩对 AEL 中水的高压结构转变的影响。研究发现，高压下分子筛骨架收缩，限域水发生由类冰状结构向类液态水结构、与孔道配位水以及水二聚物的转变。当以氩为传压介质时，氩会促进限域水氢键结构的转变。此外，本章还详细分析了以氩为传压介质时导致 AEL 骨架具有高的可压缩性的原因。此部分研究不仅丰富了对限域水结构转变的认识，还对深入理解分子筛限域体系主客相互作用和分子筛骨架的高压结构转变有重要帮助。

7.2 实 验 方 法

本章中，对磷酸铝分子筛 AEL 限域水体系（$H_2O@AEL$）进行高压同步辐射 X 射线衍射和高压红外光谱研究，探究高压下限域水的结构转变。实验中利用金刚石对顶砧（DAC）高压装置进行加压，采用红宝石作为压强标定物质进行压强标定。高压同步辐射 X 射线衍射实验完成于美国国家同步辐射光源（National Synchrotron Light Source，NSLS）的布鲁克海文国家实验室（Brookhaven National Laboratory，BNL），实验波长为 0.0424600 nm 以及上海同步辐射中心（Shanghai Synchrotron Radiation Facility，SSRF），实验波长为 0.06199 nm。两次实验分别选用硅油和氩作为传压介质。使用 Fit2D 软件对数据进行处理。样品的高压红外光谱实验选用德国 Bruker Vertex80V 型号红外光谱仪。光谱分辨率为 4 cm^{-1}，扫描次数为 256，扫描范围在 600~4000 cm^{-1}。实验中选用氩为传压介质或不采用传压介质。金刚石对顶砧砧面直径为 500 μm，选用 T301 钢作为封垫材料，将钢片预压到约 50 μm 厚，打直径为 160 μm 的孔作为样品腔。

7.3 结果与讨论

7.3.1 分子筛 AEL 骨架结构的高压行为研究

X 射线衍射图谱能够反映出分子筛晶体结构长程有序性。在研究限域水的结构转变之前先分析一下分子筛 AEL 骨架的晶体结构变化。图 7-1 所示为煅烧后吸水的分子筛 AEL 的常压 X 射线衍射图谱。孔道中有水存在的分子筛 AEL 仍保持正交结构。由于水分子与分子筛骨架之间存在相互作用，空间群变为 $Pna2_1$。经过计算，晶格参数分别为 $a = 1.38545 (6)$ nm，$b = 1.80159 (1)$ nm，$c = 0.81197(3)$ nm，晶胞体积 $V = 2.02669(6)$ nm^3，这与之前报道的结果相近。和煅烧前分子筛 AEL 的晶格参数相比，a 增加，b 与 c 减小，总的晶胞体积减小[85-86,219]。

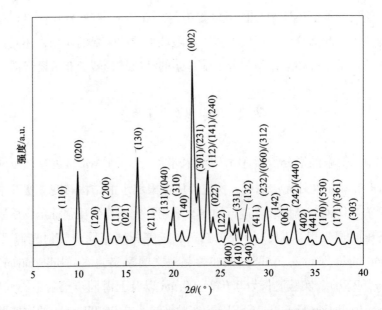

图 7-1　吸水的分子筛 AEL 的常压 X 射线衍射图谱

图 7-2 为分别以硅油和液氩为传压介质的吸水 AEL 晶体的高压同步辐射 X 射线衍射图谱。随着压强增加，衍射峰向小 d 值移动，峰宽化并且强度减小，这说明外压作用使分子筛收缩、结晶性降低。17 GPa 以后，所有的衍射峰消失，完全非晶化发生。在加压过程中没有衍射峰的劈裂和新峰的出现，意味着没有结构相变的产生。卸压至常压，以硅油为传压介质的分子筛结构仍然保持非晶化，而以氩为传压介质时的衍射谱有部分恢复。硅油是一种大分子，不能够进入孔道内；氩原子尺寸在 0.34 nm，小于 AEL 分子筛孔道尺寸 [0.44 nm×0.67 nm]，能够进入孔道内。显然，卸压后 AEL 局域结构恢复与氩原子进入分子筛孔道中有关。

图 7-3 为 AEL 分子筛归一化的原胞体积随压强变化图。由图 7-3 可知，随外压增加，分子筛骨架收缩，归一化的原胞体积逐渐减小。当以硅油为传压介质时，在约 2.3 GPa 和 8 GPa 体积发生两个不连续变化。在外压作用下，2.3 GPa

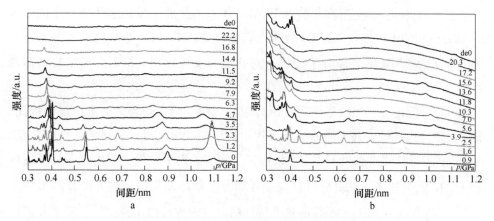

图 7-2 吸水 AEL 的原位高压 X 射线衍射图谱

a—硅油为传压介质；b—氩为传压介质

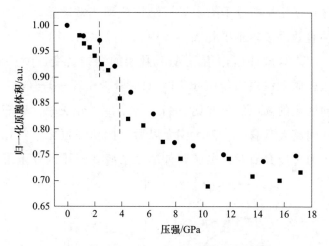

图 7-3 吸水的 AEL 分子筛归一化的原胞体积

（圆点代表以硅油为传压介质，方块代表以氩为传压介质）

时分子筛骨架扭曲塌缩，这使分子筛可压缩性增加。这种骨架结构塌缩使分子筛可压缩性增加的现象在磷酸铝分子筛 VFI 的高压研究中也有发现[182]。VFI 分子筛骨架在接近 2 GPa 扭曲塌缩，比 AEL 分子筛的塌缩压强略低。这可能与分子筛 VFI 的一维孔道结构有关，大孔道尺寸（直径 $d = 1.2$ nm）的 VFI 比拥有较小孔道尺寸 [0.44 nm×0.67 nm] 的 AEL 结构更不稳定，更易形变。8 GPa 以后，AEL 分子筛原胞体积可压缩性降低。当以液氩为传压介质时，体积不连续变化点发生在约 4 GPa 和 10 GPa。这是由于非骨架氩原子被挤压进入孔道并对孔道产生支撑作用。实际上，笔者在之前对 I@AEL 体系的研究中发现客体碘分子的引入使 AEL 体积的不连续点延迟至约 6 GPa，接近 20 GPa 时才非晶化（见图 4-7b）。这些研究结果都表明客体分子的进入对孔道有支撑作用，推迟骨架结构的扭曲形变。

值得注意的是，当液氩作为传压介质的时候，分子筛骨架的可压缩性提高。显然，氩进入孔道中并未使分子筛展现出抗压缩性，这与人们通常的理解相反。在先前的疏水多孔二氧化硅分子筛的高压 XRD 研究中发现，传压介质分子或原子（CO_2 或 Ar）进入孔道后可以显著增加分子筛的结构稳定性并降低其可压缩性[170]。笔者认为 AEL 分子筛的这种特殊的压强响应与传压介质氩、亲水孔道中的限域水分子还有分子筛骨架之间的相互作用有密切关系，将在下一部分内容中具体讨论。

红外光谱对多孔材料分子筛中局域结构振动非常敏感，是研究高压下结构变化的一种有效手段。本书相关实验中，对吸水的 AEL 分子筛进行高压红外光谱实验，深入理解外压作用下 AEL 骨架的结构转变。图 7-4a 与图 7-4b 分别为无传压介质和以氩为传压介质时 AEL 骨架中 T—O—T（T 为 Al 或 P）对称伸缩振动区域的高压红外光谱。当不使用传压介质时，伸缩振动峰逐渐宽化、弱化并向高波数移动。2.5 GPa 以后，振动峰宽化、弱化显著，直至消失。当以氩为传压介质时，分子筛伸缩振动峰在低压区并未发生明显的宽

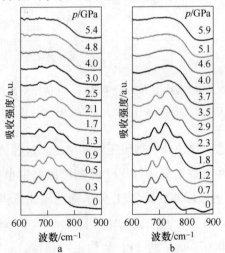

图 7-4　分子筛 AEL 中 T—O—T（T 为 Al 或 P）对称伸缩振动区域的高压红外光谱

a—无传压介质；b—氩为传压介质

化和弱化的现象。3.7 GPa 以后，分子筛伸缩振动峰转变为一个宽包。这些红外光谱的变化说明外压作用使分子筛结晶性降低。应用能够进入孔道中的氩为传压介质时，氩对孔道的支撑作用能够推迟分子筛骨架结构结晶程度的降低。高压红外光谱研究与前一部分中高压 X 射线衍射实验中发现的分子筛骨架扭曲变形的结果一致。

7.3.2　分子筛 AEL 内限域水的高压结构转变研究

图 7-5 为使用不同传压介质时限域水的伸缩振动峰随压强的变化。随外压增加，分子筛 AEL 的骨架结构收缩。限域水的伸缩振动峰红移并且峰型发生明显变化。无传压介质时，2.5 GPa 以后限域水的伸缩振动峰演化为一个宽包；而以氩为传压介质时，3.7 GPa 以后才出现宽包。笔者认为，这种光谱的变化与先前讨论的分子筛结构扭曲塌缩紧密相关。限域环境的变化使孔道内水分子的氢键结构发生改变，进而影响到限域水的振动光谱。通过对限域水伸缩振动光谱的分析，发现孔道内客体水分子可以作为分子探针反映分子筛骨架结构的变化[234]。

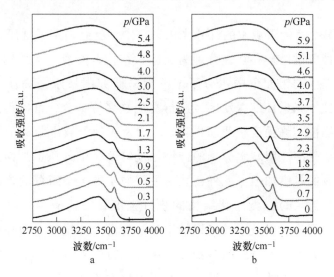

图 7-5　限域水伸缩振动区域的高压红外光谱

a—无传压介质；b—氩为传压介质

从图 7-6 中的加压前与卸压后的红外光谱对比可知，以氩为传压介质时的光谱能够很好地恢复，而无传压介质时的光谱未恢复。前人文献报道 LTA 分子筛的高压研究曾指出，孔道中的非骨架电荷平衡离子对增加分子筛结构稳定性和卸压后结构重构发挥着重要作用[235]。在本书的相关实验中，进入孔道的氩原子也起到相似的作用，推迟分子筛骨架结构扭曲形变，又促使从较低压卸压的样品恢复初始结构。

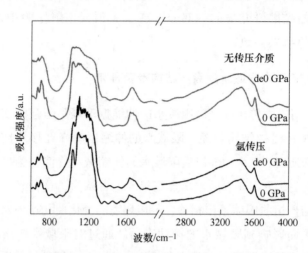

图 7-6   加压前与卸压后的吸水分子筛 AEL 的红外光谱对比图

在本书第 6 章的限域水的红外光谱研究中，已经确定了常压下 AEL 孔道内的水以 4 种氢键结构存在，分别为类冰状结构、类液态水结构、水的低聚物以及与骨架中的铝配位的水分子。下面来研究限域水在高压下的结构转变。通过对红外光谱伸缩振动区域进行洛伦兹多峰拟合，可以得到外压作用下限域水的峰位与峰强度信息。图 7-7a～d 为 4 种限域水结构的伸缩振动峰峰位随压强变化图。限域水分子的伸缩振动峰峰位随外压增加而红移，这表明限域水形成的氢键加强。此外，孔道中限域水的各个组分的含量也发生了改变（见图 7-7e～h）。类冰状结构的积分强度百分比减少，而类液态水结构、与骨架铝配位水以及水的二聚物积分强度百分比增加，即外压作用导致类冰状结构向另外 3 种氢键结构转变。这种独特的限域环境下水的高压结构转变在之前的文献中并未有报道，是本书首次发现的。笔者注意到，当以能够进入孔道的氩为传压介质时，振动峰峰位红移更显著，水结构变化更快，即氩对限域水氢键结构转变有促进作用。笔者认为，氩进入孔道会对限域水的结构产生扰动作用，这更有利于水的结构转变。因此，以氩为传压介质时，孔道中水的氢键结构转变速度明显变快。

下面来对以氩为传压介质时吸水分子筛 AEL 具有高的压缩性作进一步的分

析。由本书第 6 章可知，类冰状结构由水分子与骨架铝原子和其他 3 个水分子形成，所占体积比限域水的另外 3 种结构大。高压实验中，以氩为传压介质促进大体积的类冰状结构的转变，使水对分子筛骨架的支撑作用减弱，分子筛更易被压缩。前人的文献报道，某些分子筛会因为孔道中吸附一定数量的气体分子而展现出收缩或膨胀的现象[236-237]。如前面所提到的，AEL 分子筛在常压条件下可以吸附空气中的水分子，水分子与骨架之间的相互吸引作用使晶胞体积收缩减小[85-86,219]。Ballone 等利用理论方法研究钙沸石高压下形变的文章中就曾指出，水分子与骨架氧之间的氢键相互作用会拉长水中 OH 键，并且产生一种向内部的力使孔道结构收缩[238]。本书的相关实验中，氩在孔道中占据一定位置，使水分子中氢与骨架的氧之间的距离减小，氢键吸引作用增强。此时，分子筛骨架结构既受到外部压缩作用又受到比以硅油为传压介质时限域水的更强的内部吸引。综合以上分析，以氩为传压介质时，分子筛 AEL 在高压下会表现出更高的可压缩性。

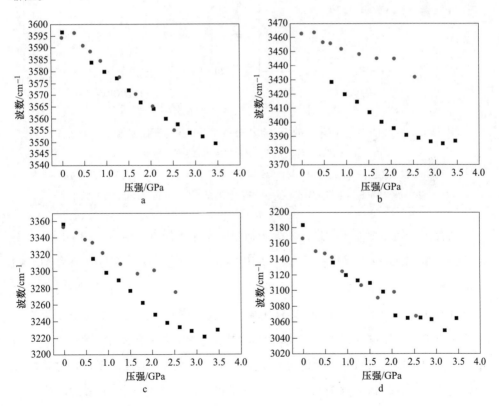

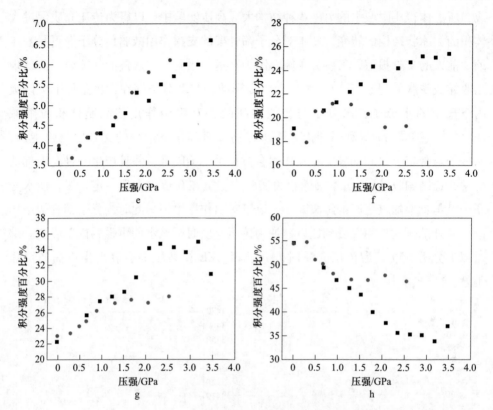

图 7-7 限域水的峰位和积分强度百分比随压强变化

（圆点代表无传压介质，方块代表以氩为传压介质）

a~d—限域孔道中水的低聚物、与骨架铝配位的水、类液态水结构以及类冰状结构水
的伸缩振动峰峰位随压强变化图；e~h—相应的伸缩振动峰积分强度百分比随压强变化图

笔者注意到，氩原子的进入使分子筛扭曲塌缩压强点只推迟 1~2 GPa，而不是像分子筛 silicalite 非晶压强提高超过 10 GPa[170]。笔者认为这与分子筛 AEL 的亲水性具有重大关系。常压下吸水饱和的分子筛孔道中存在水分子，只有少量氩原子进入孔道。分子筛 silicalite 具有疏水性，孔道中吸附的分子少。高压下，大量的氩原子被挤压进入孔道中，使晶胞体积膨胀并增加分子筛结构稳定性。本书相关实验中发现的以氩原子为传压介质而导致的可压缩性增强的现象在之前的实验研究中从未有报道，这与氩原子、水分子以及磷酸铝分子筛 AEL 之间的相互作用紧密相关。

7.4 本章小结

本章中，结合原位高压 X 射线衍射和高压红外光谱技术对分子筛 AEL 限域水体系（H_2O@AEL）进行了高压研究。研究发现，高压下分子筛骨架收缩，限域水发生由大体积的类冰状结构向类液态水结构、与骨架铝配位水以及水的二聚物的转变。限域水的这种独特的高压结构转变在之前的研究中并未有报道，是本书首次发现的。当以氩为传压介质时，进入孔道的氩促进类冰状结构的转变，使水对分子筛骨架的支撑作用减弱，分子筛更易被压缩。同时，氩的存在使水分子中氢与分子筛骨架氧之间的距离减小，氢键吸引作用增强，对分子筛施加一个内部的吸引作用。这使分子筛骨架展示出更高的可压缩性。对限域水的高压研究不仅丰富了对水结构转变的认知，还有助于深入理解水分子与分子筛之间的相互作用和分子筛的结构稳定性，对多孔材料的应用也有重大意义。

参 考 文 献

[1] NELLIS W J. Metallic hydrogen at high pressures and temperatures in Jupiter [J]. Chem. Eur. J. , 1997, 3 (12): 1921-1924.

[2] EREMETS M I, GAVRILIUK A G, SEREBRYANAYA N R, et al. Structural transformation of molecular nitrogen to a single-bonded atomic state at high pressure [J]. J. Chem. Phys. , 2004, 121 (22): 11296-11300.

[3] AKAHAMA Y, KAWAMURA H, HAUSERMANN D, et al. New high-pressure structural transition of oxygen at 96 GPa associated with metallization in a molecular solid [J]. Phys. Rev. Lett. , 1995, 74 (23): 4690-4693.

[4] TAKEMURA K, MINOMURA S, SHIMOMURA O, et al. Structural aspects of solid iodine associated with metallization and molecular dissociation under high pressure [J]. Phys. Rev. B, 1982, 26 (2): 998-1004.

[5] KUME T, HIRAOKA T, OHYA Y, et al. High pressure Raman study of bromine and iodine: soft phonon in the incommensurate phase [J]. Phys. Rev. Lett. , 2005, 94 (6): 065506.

[6] SAN-MIGUEL A, LIBOTTE H, GAUTHIER M, et al. New phase transition of solid bromine under high pressure [J]. Phys. Rev. Lett. , 2007, 99 (1): 015501.

[7] SUCHAN H L, WIEDERHORN S, DRICKAMER H G. Effect of pressure on the absorption edges of certain elements [J]. J. Chem. Phys. , 1959, 31 (2): 355-357.

[8] RIGGLEMAN B M, DRICKAMER H G. Approach to the metallic state as obtained from optical and electrical measurements [J]. J. Chem. Phys. , 1963, 38 (11): 2721-2724.

[9] BALCHAN A S, DRICKAMER H G. Effect of pressure on the resistance of iodine and selenium [J]. J. Chem. Phys. , 1961, 34 (6): 1948-1949.

[10] RIGGLEMAN B M, DRICKAMER H G. Temperature coefficient of resistance of iodine and selenium at high pressure [J]. J. Chem. Phys. , 1962, 37 (2): 111-120.

[11] LYNCH R W, DRICKAMER H G. Effect of pressure on the lattice parameters of iodine, stannic iodide, and p-di-iodobenzene [J]. J. Chem. Phys. , 1966, 45 (3): 1020-1026.

[12] MCMAHAN A K, HORD B L, ROSS M. Experimental and theoretical study of metallic iodine [J]. Phys. Rev. B, 1977, 15 (2): 726-737.

[13] VERESHCHAGIN L F, SEMERCHAN A A, POPOVA S V, et al. Variation of the electrical resistance of some semiconductors under pressures up to 300000 kg/cm^2 [J]. Sov. Phys. Dokl. , 1967 (12): 50.

[14] DRICKAMER H G, LYNCH R W, CLENDENEN R L, et al. X-ray diffraction studies of the

lattice parameters of solids under very high pressure ［J］. Solid State Physics, 1963, 7 (18): 692.

［15］ KABALKINA S S, KOLOBIYANA T N, VERESHCHAGIN L F. X-ray structural analysis of the crystal structure of iodine under high pressure ［J］. Sov. Phys. Dokl. , 1967, 12 (7): 50.

［16］ SHIMOMURA O, TAKEMURA K, FUJII Y, et al. Structure analysis of high-pressure metallic state of iodine ［J］. Phys. Rev. B, 1978, 18 (2): 715-719.

［17］ TAKEMURA K, FUJII Y, MINOMURA S, et al. Pressure-induced structural phase transition of iodine ［J］. Solid State Commun. , 1979, 30 (3): 137-139.

［18］ TAKEMURA K, MINOMURA S, SHIMOMURA O, et al. Observation of molecular dissociation of iodine at high pressure by X-ray diffraction ［J］. Phys. Rev. Lett. , 1980 (23): 45, 1881-1884.

［19］ FUJII Y, SHIMOMURA O, TAKEMURA K, et al. The application of a position-sensitive detector to high-pressure X-ray diffraction using a diamond-anvil cell ［J］. J. Appl. Cryst. , 1980, 13 (3): 284-289.

［20］ FUJIHISA H, FUJII Y, HASE K, et al. Pressure-induced molecular dissociation in iodine at low temperatures ［J］. High Pressure Res. , 1990, 4 (1/2/3/4/5/6): 330-332.

［21］ NATSUME Y, SUZUKI T. Calculation of the electronic band structure for the hole-metal state of iodine in high-pressure phase ［J］. Solid State Commun. , 1982, 44 (7): 1105-1107.

［22］ FUJII Y, HASE K, OHISHI Y, et al. Pressure-induced monatomic tetragonal phase of metallic iodine ［J］. Solid State Commun. , 1986, 59 (2): 85-89.

［23］ FUJII Y, HASE K, HAMAYA N, et al. Pressure-induced face-centered-cubic phase of monatomic metallic iodine ［J］. Phys. Rev. Lett. , 1987, 58 (8): 796-799.

［24］ REICHLIN R, MCMAHAN A K, ROSS M, et al. Optical, X-ray, and band-structure studies of iodine at pressures of several megabars ［J］. Phys. Rev. B, 1978, 49 (6): 3725-3733.

［25］ DUNN K J, BUNDY F P. Iodine at high pressures and low temperatures ［J］. J. Chem. Phys. , 1980, 72 (5): 2936-2940.

［26］ SAKAI N, TAKEMURA K, TSUJI K. Electrical properties of high-pressure metallic modification of iodine ［J］. J. Phys. Soc. Jpn. , 1982, 51 (6): 1811-1816.

［27］ SHIMIZU K, TAMITANI N, TAKESHITA N, et al. Pressure-induced superconductivity of iodine ［J］. J. Phys. Soc. Jpn. , 1992, 61 (11): 3853-3855.

［28］ SHIMIZU K, YAMAUCHI T, TAMITANI N, et al. The pressure-induced superconductivity of iodine ［J］. J. Supercond. , 1994, 7 (6): 921-924.

［29］ PASTERNAK M, FARRELL J N, Taylor R D. Metallization and structural transformation of iodine under pressure: A microscopic view ［J］. Phys. Rev. Lett. , 1987, 58 (8): 575-578.

[30] KENICHI T, KYOKO S, HIROSHI F, et al. Modulated structure of solid iodine during its molecular dissociation under high pressure [J]. Nature, 2003, 423 (6943): 971-974.

[31] OLIJNYK H, LI W, WOKAUN A. High-pressure studies of solid iodine by Raman spectroscopy [J]. Phys. Rev. B, 1994, 40 (2): 712-716.

[32] CONGEDUTI A, POSTORINO P, NARDONE M, et al. Raman spectra of a high-pressure iodine single crystal [J]. Phys. Rev. B, 2001 (65): 014302.

[33] ZENG Q, HE Z, SAN X, et al. A new phase of solid iodine with different molecular covalent bonds [J]. Proc. Natl. Acad. Sci. U. S. A., 2008, 105 (13): 4999-5001.

[34] DRESSELHAUS M S, CHEN G, TANG M Y, et al. New directions for low-dimensional thermoelectric materials [J]. Adv. Mater., 2007, 19 (8): 1043-1053.

[35] CRESTI A, NEMEC N, BIEL B, et al. Charge transport in disordered graphene-based low dimensional materials [J]. Nano Res., 2008, 5 (1): 361-394.

[36] BALANDIN A A, NIKA D L. Phononics in low-dimensional materials [J]. Mater. Today, 2012, 15 (6): 266-275.

[37] XIA Y, YANG P, SUN Y, et al. One-dimensional nanostructures synthesis, characterization, and applications [J]. Adv. Mater., 2003, 15 (5): 353-389.

[38] KUCHIBHATLA S V N T, KARAKOTI A S, BERA D, et al. One dimensional nanostructured materials [J]. Prog. Mater. Sci., 2007, 52 (5): 699-913.

[39] ZHAO W, WANG L, BAI J, et al. Highly confined water: two-dimensional ice, amorphous ice, and clathrate hydrates [J]. Chem. Rev., Acc. Chem. Res., 2014, 47 (8): 2505-2513.

[40] NAGUIB M, MOCHALIN V N, BARSOUM M W, et al. 25th Anniversary Article: MXenes: a new family of two-dimensional materials [J]. Adv. Mater., 2014, 26 (7): 992-1005.

[41] TIWARI J N, TIWARI R N, KIM K S. Zero-dimensional, one-dimensional, two-dimensional and three-dimensional nanostructured materials for advanced electrochemical energy devices [J]. Prog. Mater. Sci., 2012, 57 (4): 724-803.

[42] BUTLER S Z, HOLLEN S M, CAO L, et al. Progress, challenges, and opportunities in two-dimensional materials beyond graphene [J]. ACS Nano, 2013, 7 (4): 2898-2926.

[43] OHNISHI H, KONDO Y, TAKAYANAGI K. Quantized conductance through individual rows of suspended gold atoms [J]. Nature, 1998, 395 (6704): 780-783.

[44] YANSON A I, BOLLINGER G R, VAN DEN BROM H E, et al. Formation and manipulation of a metallic wire of single gold atoms [J]. Nature, 1998, 395 (6704): 783-785.

[45] IIJIMA S. Helical microtubules of graphitic carbon [J]. Nature, 1991, 354 (6348): 56-58.

[46] SCHLAPBACH M, ZUTTEL M. Hydrogen-storage materials for mobile applications [J]. Nature, 2001, 414 (6861): 353-358.

[47] HIRSCHER M, BECHER M, HALUSKA M, et al. Hydrogen storage in carbon nanostructures [J]. J. Alloys Compd. , 2002 (330/331/332): 654-658.

[48] KONG J, FRANKLIN N R, ZHOU C, et al. Nanotube molecular wires as chemical sensors [J]. Science, 2000, 287 (5453): 622-625.

[49] COLLINS P G, BRADLEY K, ISHIGAMI M, et al. Extreme oxygen sensitivity of electronic properties of carbon nanotubes [J]. Science, 2000, 287 (5459): 1801-1804.

[50] SUMANASEKERA G U, ADU C K W, FANG S, et al. Effects of gas adsorption and collisions on electrical transport in single-walled carbon nanotubes [J]. Phys. Rev. Lett. , 2000, 85 (5): 1096-1099.

[51] SAITO Y, NISHIYAMA T, KATO T, et al. Field emission properties of carbon nanotubes and their applicationto display devices [J]. Mol. Cryst. Liq. Cryst. , 2002, 387 (1): 303-310.

[52] SHIM M, SHI KAM N W, CHEN R J, et al. Functionalization of carbon nanotubes for biocompatibility and biomolecular recognition [J]. Nano Lett. , 2 (4): 285-288.

[53] AJAYAN P M, EBBESEN T W, ICHIHASHI T, et al. Opening carbon nanotubes with oxygen and implications for filling [J]. Nature, 1993, 362 (6420): 522-525.

[54] ALBA-SIMIONESCO C, COASNE B, DOSSEH G, et al. Effects of confinement on freezing and melting [J]. J. Phys. : Condens. Matter. , 2006, 18 (6): R15-R68.

[55] LONG Y, PALMER J C, COASNE B, et al. Pressure enhancement in carbon nanopores: a major confinement effect [J]. Phys. Chem. Chem. Phys. , 2011, 13 (38): 17163-17170.

[56] ZHANG F, REN P, PAN X, et al. Self-assembly of atomically thin and unusual face-centered cubic Re nanowires within carbon nanotubes [J]. Chem. Mater. , 2015, 27 (5): 1569-1573.

[57] FUJIMORI T, MORELOS-GÓMEZ A, ZHU Z, et al. Conducting linear chains of sulphur inside carbon nanotubes [J]. Nat. Commun. , 2013 (4): 2162.

[58] URITA K, SHIGA Y, FUJIMORI T, et al. Confinement in carbon nanospace-induced production of KI nanocrystals of high-pressure phase [J]. J. Am. Chem. Soc. , 2011, 133 (27): 10344-10347.

[59] WANG Z, WANG L, SHI Z, et al. Tuning of hole doping level of iodine-encapsulated single-walled carbon by temperature adjustment [J]. Chem. Commun. , 2008 (29): 3429-3431.

[60] SMITH B W, MONTHIOUX M, LUZZI D E. Encapsulated C_{60} in carbon nanotubes [J]. Nature, 1998, 396 (6709): 323-324.

[61] MANNING T J, TAYLOR L, PURCELL J. Impact on the photothermal emission from single wall nanotubes by some alkali halide salts [J]. Carbon, 2003, 41 (14): 2813-2818.

[62] BENDIAB N, ANGLARET E, BANTIGNIES J L, et al. Stoichiometry dependence of the Raman spectrum of alkali-doped single-wall carbon nanotubes [J]. Phys. Rev. B, 2001,

64 (24): 245424.

[63] LIU B B, CUI Q L, YU M, et al. Raman study of bromine-doped single-walled carbon nanotubes under high pressure [J]. J. Phys. : Condens. Matter. , 2002 (14): 11255-11259.

[64] GRIGORIAN L, WILLIAMS K A, FANG S, et al. Reversible intercalation of charged iodine chains into carbon nanotube ropes [J]. Phys. Rev. Lett. , 1998, 80 (25): 5560-5563.

[65] FAN X, DICKEY E C, EKLUND P C, et al. Atomic arrangement of iodine atoms inside single-walled carbon nanotubes [J]. Phys. Rev. Lett. , 2000, 84 (20): 4621-4624.

[66] GUAN L, SUENAGA K, SHI Z, et al. Polymorphic structures of iodine and their phase transition in confined nanospace [J]. Nano Lett. 2007, 7 (6): 1532-1535.

[67] BENDIAB N, ALMAIRAC R, ROLS S, et al. Structural determination of iodine localization in single-walled carbon nanotube bundles by diffraction methods [J]. Phys. Rev. B, 2004, 69 (19): 195415.

[68] VENKATESWARAN U D, BRANDSEN E A, KATAKOWSKI M E, et al. Pressure dependence of the Raman modes in iodine-doped single-walled carbon nanotube bundles [J]. Phys. Rev. B, 2002, 65 (5): 054102.

[69] IZMAILOVA S G, VASILJEVA E A, KARETINA I V, et al. Adsorption of methanol, ammonia and water on the zeolite-like aluminophosphates $AlPO_4$-5, $AlPO_4$-17, and $AlPO_4$-18 [J]. J. Colloid Interf. Sci. , 1996, 179 (2): 374-379.

[70] LACHET V, BOUTIN A, PELLENQ R J M, et al. Molecular simulation study of the structural rearrangement of methane adsorbed in aluminophosphate $AlPO_4$-5 [J]. J. Phys. Chem. , 1996, 100 (21): 9006-9013.

[71] ARIAS D, COLMENARES A, CUBEIRO M L, et al. The transformation of ethanol over AlPO4 and SAPO molecular sieves with AEL and AFI topology [J]. Kinetic and Thermodynamic Approach. Catal. Lett. , 1997, 45 (2): 51-58.

[72] TERASAKI O, YAMAZAKI K, THOMAS J M, et al. Isolating individual chains of selenium by incorporation into the channels of a zeolite [J]. Nature, 1987, 330 (6143): 58-60.

[73] POBORCHII V V. Polarized Raman and optical absorption spectra of the mordenite single crystals containing sulfur, selenium, or tellurium in the one-dimensional nanochannels [J]. Chem. Phys. Lett. , 1996, 251 (4): 230-234.

[74] POBORCHII V V, KOLOBOV A V, CARO J, et al. Polarized Raman spectra of selenium species confined in nanochannels of $AlPO_4$-5 single crystals [J]. Chem. Phys. Lett. , 1997, 280 (1/2): 17-23.

[75] SEFF K, SHOEMAKER D P. The structures of zeolite sorption complexes. I. The structures of dehydrated zeolite 5A and its iodine sorption complex [J]. Acta Cryst. , 1967 (22):

162-170.

[76] WIRNSBERGER G, FRITZER H P, POPITSCH A, et al. Designed restructuring of iodine with microporous SiO_2 [J]. Angew. Chem. Int. Ed. , 1996, 35 (23): 2777-2779.

[77] HERTZSCH T, BUDDE F, WEBER E, et al. Supramolecular-wire confinement of I_2 molecules in channels of the organic zeolite [J]. Angew. Chem. Int. Ed. , 2002, 41 (13): 2281-2284.

[78] YE J T, TANG Z K, SIU G G. Optical characterizations of iodine molecular wires formed inside [J]. Appl. Phys. Lett. , 2006, 88 (7): 073114.

[79] YE J T, IWASA Y, TANG Z K. Thermal variations of iodine nanostructures inside the channels of $AlPO_4$-5 zeolite single crystals [J]. Phys. Rev. B, 2011, 83 (19): 193409.

[80] ZHAI J P, LI L L, RUAN S C, et al. Controlling the alignment of neutral iodine molecules in the elliptical $AlPO_4$-11 [J]. Appl. Phys. Lett. , 2008, 92 (4): 043117.

[81] ZHAI J P, LEE H F, LI I L, et al. Synthesis and characterization of iodine molecular wires in channels of zeolite AEL single crystals [J]. Nanotechnology, 2008, 19 (17): 175604.

[82] HU J M, ZHAI J P, WU F M, et al. Molecular dynamics study of the structures and dynamics of the iodine molecules confined in $AlPO_4$-11 crystals [J]. J. Phys. Chem. B, 2010, 114 (49): 16481-16486.

[83] HU J, WANG D, GUO W, et al. Reversible control of the orientation of iodine molecules inside the $AlPO_4$-11 crystals [J]. J. Phys. Chem. C, 2012, 116 (7): 4423-4430.

[84] YAO M, WANG T, YAO Z, et al. Pressure-driven topological transformations of iodine confined in one-dimensional channels [J]. J. Phys. Chem. C, 2013, 117 (47): 25052-25058.

[85] RICHARDSON J W, PLUTH J J, SMITH J V. Rietveld profile analysis of calcined $AlPO_4$-11 using pulsed neutron powder diffraction [J]. Acta Cryst. , 1988 (B44): 367-373.

[86] KHOUZAMI R, COUDURIER G, LEFEBVRE F, et al. X-ray diffraction and solid-state n. m. r. studies of AEL molecular sieves: Effect of hydration [J]. Zeolites, 1990, 10 (3): 183-188.

[87] ANGELL C A. Insights into phases of liquid water from study of its unusual glass-forming properties [J]. Science, 2008, 319 (5863): 582-587.

[88] LI C J, CHEN L. Organic chemistry in water [J]. Chem. Soc. Rev. , 2006, 35 (1): 68-82.

[89] VAN BOEKEL R. Water worlds in the making [J]. Nature, 2007, 447 (7144): 535-536.

[90] BALL P. Water as an active constituent in cell biology [J]. Chem. Rev. , 2008, 108 (1): 74-108.

[91] ARNOLD G P, FINCH E D, RABIDEAU S W, et al. Neutron-diffraction study of ice polymorphs. III. ice Ic [J]. J. Chem. Phys. , 1968, 49 (10): 4365-4369.

[92] MAYER E, HALLBRUCKER A. Cubic ice from liquid water [J]. Nature, 1987, 325 (6105): 601-602.

[93] MURRAY B J, KNOPF D A, BERTRAM A K. et al. The formation of cubic ice under conditions relevant to Earth's atmosphere [J]. Nature, 2005, 434 (7030): 202-205.

[94] HOWEAND R, WHITWORTH R W. A determination of the crystal structure of ice XI [J]. J. Chem. Phys. , 1989, 90 (8): 4450-4453.

[95] JACKSON S M, NIELD V M, WHITWORTH R W, et al. Single-crystal neutron diffraction studies of the structure of ice XI [J]. J. Phys. Chem. B, 1997, 101 (32): 6142-6145.

[96] ENGELHARDT H, WHALLEY E. Ice IV [J]. J. Chem. Phys. , 1972, 56 (6): 2678-2684.

[97] LOBBAN C, FINNEY J L, KUHS W F. The structure of a new phase of ice [J]. Nature, 1998, 391 (6664): 268-270.

[98] CHOU I M, BLANK J G, GONCHAROV A F, et al. In situ observations of a high-pressure phase of H_2O ice [J]. Science, 1998, 281 (5378): 809-812.

[99] MCMILLAN P F. Pressing on the legacy of Percy W. Bridgman [J]. Nat. Mater. , 2005, 4 (10): 715-718.

[100] TAMMANN G. Ueber die Grenzen des festen Zustandes IV [J]. Ann. Phys. , 1900, 307 (5): 1-31.

[101] BRIDGMAN P W. Water, in the liquid and five solid forms under pressure [J]. Proc. Am. Acad. Arts Sci. , 1912, 47 (6): 441-558.

[102] CHANG H C, HUANG K H, YEH Y L, et al. A high-pressure FT-IR study of the isotope effects on water and high-pressure ices [J]. Chem. Phys. Lett. , 2000, 326 (1/2): 93-100.

[103] HEMLEY R J, JEPHCOAT A P, MAO H K, et al. Static compression of H_2O-ice to 128 GPa (1. 28 Mbar) [J]. Nature, 1987, 330 (6150): 737-740.

[104] PRUZAN P. Pressure effects on the hydrogen bond in ice up to 80 GPa [J]. J. Mol. Struct. , 1994, 322 (16): 279-286.

[105] AOKI K, YAMAWAKI H, SAKASHITA M, et al. Infrared absorption study of the hydrogen-bond symmetrization in ice to 110 GPa [J]. Phys. Rev. B, 1996, 54 (22): 15673-15677.

[106] BENOIT M, BERNASCONI M, FOCHER P, et al. New high-pressure phase of ice XI [J]. Phys. Rev. Lett. , 1996, 76 (16): 2934-2936.

[107] CAVAZZONI C, CHIAROTTI G, SCANDOLO S, et al. Superionic and metallic states of water and ammonia at giant planet conditions [J]. Science, 1999, 283 (5398): 44-46.

[108] GONCHAROV A F, GOLDMAN N, FRIED L E, et al. Dynamic ionization of water under extreme conditions [J]. Phys. Rev. Lett. , 2005, 94 (12): 125508.

[109] SCHWEGLER E, GALLI G, GYGI F, et al. Dissociation of water under pressure [J].

Phys. Rev. Lett. , 2001, 87 (26): 265501.

[110] WANG Y, LIU H, LV J, et al. High pressure partially ionic phase of water ice [J]. Nat. Commun. , 2011 (2): 563.

[111] WALRAFEN G E, ABEBE M, MAUER F A, et al. Raman and X-ray investigations of ice VII to 36.0 GPa [J]. J. Chem. Phys. , 1982, 77 (4): 2166-2174.

[112] PRUZAN P, CHERVIN J C, CANNY B. Determination of the D_2O ice VII-VIII transition line by Raman scattering up to 51 GPa [J]. J. Chem. Phys. , 1992, 97 (1): 718-721.

[113] PRUZAN P, CHERVIN J C, CANNY B. Stability domain of the ice VIII proton-ordered phase at very high pressure and low temperature [J] . J. Chem. Phys. , 1993, 99 (12): 9842-9846.

[114] YOSHIMURA Y, STEWART S T, SOMAYAZULU M, et al. High pressure X-ray diffraction and Raman spectroscopy of ice VIII [J]. J. Chem. Phys. , 2006, 124 (2): 024502.

[115] SALZMANN C G, RADAELLI P G, MAYER E, et al. Ice XV a new thermodynamically stable phase of ice [J]. Phys. Rev. Lett. , 2009, 103 (10): 105701.

[116] KAMB B, HAMILTON W C, LAPLACA S J, et al. Ordered proton configuration in ice II, from single-crystal neutron diffraction [J]. J. Chem. Phys. , 1971, 55 (4): 1934-1945.

[117] KAMB B, PRAKASH A. Structure of ice III [J]. Acta Cryst. , 1968 (B24): 1317-1327.

[118] LA PLACA S J, HAMILTON W C, KAMB B, et al. On a nearly proton-ordered structure for ice IX [J]. J. Chem. Phys. , 1973, 58 (2): 567-580.

[119] LOBBAN C, FINNEY J L, KUHS W F, et al. The structure of a new phase of ice [J]. Nature, 1998, 391 (6664): 268-270.

[120] SVISHCHEV I M, KUSALIK P G. Quartzlike polymorph of ice [J] . Phys. Rev. B, 1996, 53 (14): 8815-8817.

[121] TRIBELLO G A, SLATER B, ZWIJNENBURG M A, et al. Isomorphism between ice and silica [J]. Phys. Chem. Chem. Phys. , 2010, 12 (30): 8597-8606.

[122] MALLAMACE F, BRANCA C, BROCCIO M, et al. The anomalous behavior of the density of water in the range 30 K<T<373 K [J]. Proc. Natl. Acad. Sci. U. S. A. , 2007, 104 (47): 18387-18391.

[123] MALLAMACE F, BROCCIO M, CORSARO C, et al. Evidence of the existence of the low density liquid phase in supercooled and confined water [J]. Natl. Acad. Sci. U. S. A. , 2007, 104 (2): 424-428.

[124] HUMMER G, RASAIAH J C, NOWORYTA J P. Water conduct through the hydrophobic channel of a carbon nanotube [J]. Nature, 2001, 414 (6860): 188-190.

[125] REITER G F, KOLESNIKOV A I, PADDISON S J, et al. Evidence for an anomalous

quantum state of protons in nanoconfined water [J]. Phys. Rev. B, 2012, 85 (4): 045403.

[126] MAETÍ J, GORDILLO M C. Effects of confinement on the vibrational spectra of liquid water adsorbed in carbon nanotubes [J]. Phys. Rev. B, 2001, 63 (16): 165430.

[127] HARANO Y, KINOSHITA M. Translational-entropy gain of solvent upon protein folding [J]. Biophys. J., 2005, 89 (4): 2701-2710.

[128] SUI H, HAN B G, LEE J K, et al. Structural basis of water-specific transport through the AQP1 water channel [J]. Nature, 2001, 414 (6866): 872-878.

[129] MURATA K, MITSUOKA K, HIRAI T, et al. Structural determinants of water permeation through aquaporin-1 [J]. Nature, 2000, 407 (6804): 599-605.

[130] HENSEN E J M, SMIT B. Why clays swell [J]. J. Phys. Chem. B, 2002, 106 (49): 12664-12667.

[131] MANIWA Y, MATSUDA K, KYAKUNO H, et al. Water-filled single-wall carbon nanotubes as molecular nanovalves [J]. Nat. Mater., 2007, 6 (2): 135-141.

[132] NGUYEN T D, TSENG H R, CELESTRE P C, et al. A reversible molecular valve [J]. Proc. Natl. Acad. Sci. U. S. A., 2005, 102 (29): 10029-10034.

[133] PAINEAU E, ALBOUY P A, ROUZIERE S, et al. X-ray scattering determination of the structure of water during carbon nanotube filling [J]. Nano Lett., 2013, 13 (4): 1751-1756.

[134] BETA I A, LI J C, BELLISSENT-FUNEL M C. A quasi-elastic neutron scattering study of the dynamics of supercritical water [J]. Chem. Phys., 2003, 292 (2/3): 229-234.

[135] DAS A, JAYANTHI S, DEEPAK H S M V, et al. Single-file diffusion of confined water inside SWNTs: an NMR study [J]. ACS Nano, 2010, 4 (3): 1687-1695.

[136] ONORI G, SANTUCCI A. IR investigations of water structure in Aerosol OT reverse micellar aggregates [J]. J. Phys. Chem., 1993, 97 (20): 5430-5434.

[137] BAI J, SU C R, PARRA R D, et al. Ab initio studies of quasi-one-dimensional pentagon and hexagon ice nanotubes [J]. J. Chem. Phys., 2003, 118 (9): 3913-3916.

[138] NAGUIB N, YE H, GOGOTSI Y, et al. Observation of water confined in nanometer channels of closed carbon nanotubes [J]. Nano Lett., 2004, 4 (11): 2237-2243.

[139] GOGOTSI Y, LIBERA J A, GÜVENÇ-YAZICIOGLU A, et al. In situ multiphase fluid experiments in hydrothermal carbon nanotubes [J]. Appl. Phys. Lett., 2001, 79 (7): 1021-1023.

[140] GOGOTSI Y, LIBERA J A, YOSHIMURA M. Hydrothermal synthesis of multiwall carbon nanotubes [J]. J. Mater. Res., 2000, 15 (12): 2591-2594.

[141] MATTIA D, GOGOTSI Y. Review: static and dynamic behavior of liquids inside carbon

nanotubes [J]. Microfluid Nanofluid, 2008, 5 (3): 289-305.

[142] KOGA K, GAO G T, TANAKA H, et al. Formation of ordered ice nanotubes inside carbon nanotubes [J]. Nature, 2001, 412 (6849): 802-805.

[143] KOLESNIKOV A I, ZANOTTI J M, LOONG C K, et al. Anomalously soft dynamics of water in a nanotube: a revelation of nanoscale confinement [J]. Phys. Rev. Lett., 2004, 93 (3): 035503.

[144] BAI J, WANG J, ZENG X C. Multiwalled ice helixes and ice nanotubes [J]. Proc. Natl. Acad. Sci. U. S. A., 2006, 103 (52): 19664-19667.

[145] TAKAIWA D, HATANO I, KOGA K, et al. Phase diagram of water in carbon nanotubes [J]. Proc. Natl. Acad. Sci. U. S. A., 2008, 105 (1): 39-43.

[146] MANIWA Y, KATAURA H, ABE M, et al. Phase transition in confined water inside carbon nanotubes [J]. J. Phys. Soc. Jpn., 2002, 71 (12): 2863-2866.

[147] SHIOMI J, KIMURA T, MARUYAMA S. Molecular dynamics of ice-nanotube formation inside carbon nanotubes [J]. J. Phys. Chem. C, 2007, 111 (33): 12188-12193.

[148] GHOSH S, RAMANATHAN K V, SOOD A K. Water at nanoscale confined in single-walled carbon nanotubes studied by NMR [J]. Europhys. Lett., 2004, 65 (5): 678-684.

[149] MATSUDA K, HIBI T, KADOWAKI H, et al. Water dynamics inside single-wall carbon nanotubes NMR observations [J]. Phys. Rev. B, 2006, 74 (7): 073415.

[150] BYL O, LIU J C, WANG Y, et al. Unusual hydrogen bonding in water-filled carbon nanotubes [J]. J. Am. Chem. Soc., 2006, 128 (37): 12090-12097.

[151] MIKAMI F, MATSUDA K, KATAURA H, et al. Dielectric properties of water inside single-walled carbon nanotubes [J]. ACS Nano, 2009, 3 (5): 1279-1287.

[152] JÄHNERT S, CHAVEZ F V, SCHAUMANN G E, et al. Melting and freezing of water in cylindrical silica nanopores [J]. Phys. Chem. Chem. Phys., 2008, 10 (39): 6039-6051.

[153] SLIWINSKA-BARTKOWIAK M, JAZDZEWSKA M, HUANG L L, et al. Melting behavior of water in cylindrical pores carbon nanotubes and silica glasses [J]. Phys. Chem. Chem. Phys., 2008, 10 (32): 4909-4919.

[154] ERKO M, FINDENEGG G H, CADE N, et al. Confinement-induced structural changes of water studied by Raman scattering [J]. Phys. Rev. B, 2011, 84 (10): 104205.

[155] ALABARSE F G, HAINES J, CAMBON O, et al. Freezing of water confined at the nanoscale [J]. Phys. Rev. Lett., 2012, 109 (3): 035701.

[156] QUARTIERI S, SANI A, VEZZALINI G, et al. One-dimensional ice in bikitaite single-crystal X-ray diffraction, infra-red spectroscopy and ab-initio molecular dynamics studies [J]. Micropor. Mesopor. Mater., 1999, 30 (1): 77-87.

[157] FOIS E, GAMBA A, TABACCHI G, et al. Water molecules in single file: first-principles studies of one-dimensional water chains in zeolites [J]. J. Phys. Chem. B, 2001, 105 (15): 3012-3016.

[158] FOIS E, GAMBA A, TABACCHI G, et al. On the collective properties of water molecules in one-dimensional zeolitic channels [J]. Phys. Chem. Chem. Phys. , 2001, 3 (18): 4158-4163.

[159] FOIS E, TABACCHI G, QUARTIERI S, et al. Dipolar host/guest interactions and geometrical confinement at the basis of the stability of one-dimensional ice in zeolite bikitaite [J]. J. Chem. Phys. , 1999, 111 (1): 355-359.

[160] FOIS E, GAMBA A, TILOCCA A. Structure and dynamics of the flexible triple helix of water inside VPI-5 molecular sieves [J]. J. Phys. Chem. B, 2002, 106 (18): 4806-4812.

[161] FLOQUET N, COULOMB J P, DUFAU N, et al. Structure and dynamics of confined water in $AlPO_4$-5 zeolite [J]. J. Phys. Chem. B, 2004, 108 (35): 13107-13115.

[162] DEMONTIS P, GULÍN-GONZALEZ J, SUFFRITTI G B. Water adsorbed in $AlPO_4$-5 and SSZ-24 studied by molecular dynamics simulation [J]. J. Phys. Chem. C, 2012, 116 (20): 11100-11109.

[163] NEWALKAR B L, JASRA R V, KAMATH V, et al. Sorption of water in aluminophosphate molecular sieve $AlPO_4$-5 [J]. Micropor. Mesopor. Mater. , 1998, 20 (1/2/3): 129-137.

[164] PILLAI R S, JASRA R V. Computational study for water sorption in $AlPO_4$-5 and $AlPO_4$-11 molecular sieves [J]. Langmuir, 2010, 26 (3): 1755-1764.

[165] KNORR K, BRAUNBARTH C M, VAN DE GOOR G, et al. High-pressure study on dioxolane silica sodalite $(C_3H_6O_2)_2$ $[Si_{12}O_{24}]$-neutron and X-ray powder diffraction experiments [J]. Solid State Commun. , 2000, 113 (9): 503-507.

[166] RUTTER M D, UCHIDA T, SECCO R A, et al. Investigation of pressure-induced amorphization in hydrated zeolite Li-A and Na-A using synchrotron X-ray diffraction [J]. J. Phys. Chem. Solids, 2001, 62 (3): 599-606.

[167] GREAVES N, MENEAU F. Probing the dynamics of instability in zeolitic materials [J]. J. Phys. : Condens. Matter. , 2004, 16 (33): S3459-S3472.

[168] GREAVES G N, MENEAU F, KARGL F, et al. Zeolite collapse and polyamorphism [J]. J. Phys. : Condens. Matter. , 2007, 19 (41): 415102.

[169] FU Y, SONG Y, HUANG Y. An investigation of the behavior of completely siliceous zeolite ZSM-5 under high external pressures [J]. J. Phys. Chem. C, 2012, 116 (3): 2080-2089.

[170] HAINES J, CAMBON O, LEVELUT C, et al. Deactivation of pressure-induced amorphization

in silicalite SiO$_2$ by insertion of guest species [J]. J. Am. Chem. Soc., 2010, 132 (26): 8860-8861.

[171] JORDA J L, REY F, SASTRE G, et al. Synthesis of a novel zeolite through a pressure-induced reconstructive phase transition process [J]. Angew. Chem., 2013, 125 (40): 10652-10656.

[172] LEE Y, HRILJAC J A, VOGT T, et al. First structural investigation of a super-hydrated zeolite [J]. J. Am. Chem. Soc., 2001, 123 (50): 12732-12733.

[173] LEE Y, HRILJAC J A, PARISE J B, et al. Pressure-induced stabilization of ordered paranatrolite: A new insight into the paranatrolite controvers [J]. Am. Mineral., 2005, 90 (1): 252-257.

[174] LIU D, LEI W, LIU Z, et al. Spectroscopic study of the effects of pressure media on high-pressure phase transitions in natrolite [J]. J. Phys. Chem. C, 2010, 114 (44): 18819-18824.

[175] LEE Y, HRILJAC J A, VOGT T. Pressure-induced argon insertion into an auxetic small pore zeolite [J]. J. Phys. Chem. C, 2010, 114 (15): 6922-6927.

[176] LEE Y, LIU D, SEOUNG D, et al. Pressure and heat induced insertion of CO$_2$ into an auxetic small-pore zeolite [J]. J. Am. Chem. Soc., 2011, 133 (6): 1674-1677.

[177] SEOUNG D, LEE Y, CYNN H, et al. Irreversible xenon insertion into a small-pore zeolite at moderate pressures and temperatures [J]. Nat. Chem., 2014, 6 (9): 835-839.

[178] SEOUNG D, LEE Y, KAO C C, et al. Two-step pressure-induced superhydration in small pore natrolite with divalent extra-framework cations [J]. Chem. Mater., 2015, 27 (11): 3874-3880.

[179] GILLET P, BADRO J, VARREL B, et al. High-pressure behavior in α-AlPO$_4$: Amorphization and the memory-glass effect [J]. Phys. Rev. B, 1995, 51 (17): 11262-11269.

[180] LV H, YAO M, LI Q, et al. The structural stability of AlPO$_4$-5 zeolite under pressure: Effect of the pressure transmission medium [J]. J. Appl. Phys., 2012, 111 (11): 112615.

[181] KIM T, LEE Y, JANG Y N, et al. Contrasting high-pressure compression behaviors of AlPO$_4$-5 and SSZ-24 with the same AFI framework topology [J]. Micropor. Mesopor. Mater., 2013, 169 (15): 42-46.

[182] ALABARSE F G, SILLY G, HAIDOUX A, et al. Effect of H$_2$O on the pressure-induced amorphization of AlPO$_4$-54 · xH$_2$O [J]. J. Phys. Chem. C, 2014, 118 (7): 3651-3663.

[183] ALABARSE F G, ROUQUETTE J, COASNE B, et al. Mechanism of H$_2$O insertion and

chemical bond formation in $AlPO_4 54 \cdot xH_2O$ at high pressure [J]. J. Am. Chem. Soc. , 2015, 137 (2): 584-587.

[184] ALABARSE F G, BRUBACH J B, ROY P, et al. $AlPO_4$-54-$AlPO_4$-8 structural phase transition and amorphization under high pressure [J]. J. Phys. Chem. C, 2015, 119 (14): 7771-7779.

[185] IRIFUNE T, KURIO A, SAKAMOTO S, et al. Materials: Ultrahard polycrystalline diamond from graphite [J]. Nature, 2003, 421 (6923): 599-600.

[186] ASHCROFT N W. Metallic hydrogen: a high-temperature superconductor? [J]. Phys. Rev. Lett. , 1968, 21 (26): 1748-1749.

[187] SHIMIZU K, SUHARA K, IKUMO M, et al. Superconductivity in oxygen [J]. Nature, 1998, 393 (6687): 767-769.

[188] MA Y M, EREMETS M, OGANOV A R, et al. Transparent dense sodium [J]. Nature, 2009, 458 (7235): 182-185.

[189] LAWSON A W, TANG T Y. A diamond bomb for obtaining powder pictures at high pressures [J]. Rev. Sci. Instrum. , 1950, 21 (9): 815-816.

[190] MAO H K, BELL P M. High-pressure physics: sustained static generation of 1. 36 to 1. 72 megabars [J]. Science, 1978, 200 (4346): 1145-1147.

[191] ZOU G, MA Y, MAO H, et al. A diamond gasket for the laser-heated diamond anvil cell [J]. Rev. Sci. Instrum. , 2001, 72 (2): 1298-1301.

[192] KLOTZ S, CHERVIN J C, MUNSCH P, et al. Hydrostatic limits of 11 pressure transmitting media [J]. J. Phys. D: Appl. Phys. , 2009, 42 (7): 075413.

[193] BORN M, HUANG K. Dynamical Theory of Crystal Lattices [M]. Oxford: Oxford University Press, 1956.

[194] SHINODA K, YAMAKATA M, NANBA T, et al. High-pressure phase transition and behavior of protons in brucite $Mg (OH)_2$: a high-pressure-temperature study using IR synchrotron radiation [J]. Phys. Chem. Miner. , 2002, 29 (6): 396-402.

[195] CHI H, PIKE R D, KEVSHAW R, et al. Syntheses of $Ni_3 S_2$, $Co_9 S_8$, and ZnS by the decomposition of diethyldithiocarbamate complexes [J]. J. Solid State Chem. , 1992, 101 (1): 115-118.

[196] ABBOUDI M, MOSSET A. Synthesis of d transition metal sulfides from amorphous dithiooxamide complexes [J]. J. Solid State Chem. , 1994, 109 (1): 70-73.

[197] BREEN M L, DINSMORE A D, PINK R H, et al. Sonochemically produced ZnS-coated polystyrene core-shell particles for use in photonic crystals [J]. Langmuir, 2001, 17 (3): 903-907.

[198] JIANG X C, XIE Y, LU J, et al. Simultaneous in situ formation of ZnS nanowires in a liquid crystal template by γ-irradiation [J]. Chem. Mater. , 2001, 13 (4): 1213-1218.

[199] WILSON S T, LOK B M, MESSINA C A, et al. Aluminophosphate molecular sieves: a new class of microporous crystalline inorganic solids [J]. J. Am. Chem. Soc. , 1982, 104 (4): 1146-1147.

[200] VENKATATHRI N. An improved process for the synthesis of VPI-5 molecular sieve [J]. Bull. Mater. Sci. , 2003, 26 (3): 279-281.

[201] QIN L C, ZHAO X, HIRAHARA K, et al. The smallest carbon nanotube [J]. Nature, 2000, 408 (6808): 50.

[202] GUO J, YANG C, LI Z M, et al. Efficient visible photoluminescence from carbon nanotubes in zeolite templates [J]. Phys. Rev. Lett. , 2004, 93 (1): 017402.

[203] POBORCHII V V, KOLOBOV A V, CARO J, et al. Dynamics of single selenium chains confined in one-dimensional nanochannels of $AlPO_4$-5 temperature dependencies of the first- and second-order Raman spectra [J]. Phys. Rev. Lett. , 1999, 82 (9): 1955-1958.

[204] IHLEIN G, SCHÜTH F, KRAUß O, et al. Alignment of a laser dye in the channels of the $AlPO_4$-5 molecular sieve [J]. Adv. Mater. , 1998, 10 (14): 1117-1119.

[205] CALZAFERRI G, PAUCHARD M, MAAS H, et al. Photonic antenna system for light harvesting, transport and trapping [J]. J. Mater. Chem. , 2002 (1): 1-13.

[206] ZHU G, QIU S, GAO F, et al. Synthesis of aluminophosphate molecular sieve $AlPO_4$-11 nanocrystals [J]. Micropor. Mesopor. Mater. , 2001, 50 (2/3): 129-135.

[207] LI J, LI G, XI C, et al. Synthesis and characterization of $AlPO_4$-11 and MAPO-11 single crystals [J]. Chem. Res. Chinese U. , 2004, 20 (2): 131-133.

[208] LI J J, GUO Y, LI G D, et al. Investigation into the role of MgO in the synthesis of MAPO-11 large single crystals [J]. Micropor. Mesopor. Mater. , 2005, 79 (1/2/3): 79-84.

[209] CONGEDUTI A, NARDONE M, POSTORINO P. Polarized Raman spectra of a single crystal of iodine [J]. Chem. Phys. , 2000, 256 (1): 117-123.

[210] MAGANA R J, LANNIN J S. Observation of clustered molecules and ions in liquid iodine [J]. Phys. Rev. B, 1985, 32 (6): 3819-3823.

[211] SHANABROOK B V, LANNIN J S, HISATSUNE I C. Inelastic light scattering in a onefold-coordinated amorphous semiconductor [J]. Phys. Rev. Lett. , 1981, 46 (2): 130-133.

[212] ZOU Y, LIU B, WANG L, et al. Rotational dynamics of confined C_{60} from near-infrared Raman studies under high pressure [J]. Proc. Natl. Acad. Sci. U. S. A. , 2009, 106 (52): 22135-22138.

[213] JIANG F Y, LIU R C. Incorporation of iodine into the channels of $AlPO_4$-5 crystals [J]. J. Phys. Chem. Solids, 2007, 68 (8): 1552-1555.

[214] ODA K, HITA M, MINEMOTO S, et al. All-optical molecular orientation [J]. Phys. Rev. Lett., 2010, 104 (21): 213901.

[215] FRIEDRICH B, HERSCHBACH D R, ROST J M, et al. Optical spectra of spatially oriented molecules: ICl in a strong electric field [J]. J. Chem. Soc., Faraday Trans., 1993, 89 (10): 1539-1549.

[216] LORTZ R, ZHANG Q, SHI W, et al. Superconducting characteristics of 4-Å carbon nanotube-zeolite composite [J]. Proc. Natl. Acad. Sci. U. S. A., 2009, 106 (18): 7299-7303.

[217] MANN D J, HALLS M D. Water alignment and proton conduction inside carbon nanotubes [J]. Phys. Rev. Lett., 2003, 90 (19): 195503.

[218] KITAURA R, KITAGAWA S, KUBOTA Y, et al. Formation of a one-dimensional array of oxygen in a microporous metal-organic solid [J]. Science, 2002, 298 (5602): 2358-2361.

[219] KHOUZAMI R, COUDURIER G, LEFEBVRE F, et al. X-ray diffraction and solid-state n. m. r. studies of AEL molecular sieves: Effect of hydration [J]. Zeolites, 1990, 10 (3): 183-188.

[220] FRALEY P E, RAO K N. High resolution infrared spectra of water vapor: ν_1 and ν_3 bands of $H_2^{18}O$ [J]. J. Mol. Spectrosc., 1969, 29 (1/2/3): 348-364.

[221] BERTIE J E, WHALLEY E. Infrared spectra of ices II, III, and V in the range 4000 to 350 cm^{-1} [J]. J. Chem. Phys., 1964, 40 (6): 1646-1659.

[222] BRUBACH J B, MERMET A, FILABOZZI A, et al. Signatures of the hydrogen bonding in the infrared bands of water [J]. J. Chem. Phys., 2005, 122 (18): 184509.

[223] DEVLIN J P, SADLEJ J, BUCH V. Infrared spectra of large H_2O clusters new understanding of the elusive bending mode of ice [J]. J. Phys. Chem. A, 2001, 105 (6): 974-983.

[224] HERNANDEZ J, URAS N, DEVLIN J P. Molecular bending mode frequencies of the surface and interior of crystalline ice [J]. J. Chem. Phys., 1998, 108 (11): 4525-4529.

[225] AL-ABADLEH H A, GRASSIAN V H. FT-IR study of water adsorption on aluminum oxide surfaces [J]. Langmuir, 2003, 19 (2): 341-347.

[226] PHAMBU N, HUMBERT B, BURNEAU A. Relation between the infrared spectra and the lateral specific surface areas of gibbsite samples [J]. Langmuir, 2000, 16 (15): 6200-6207.

[227] BERTIE J E, LABBE H J, WHALLEY E. Infrared spectrum of ice VI in the range 4000-

50 cm^{-1} [J]. J. Chem. Phys. , 1968, 49 (5): 2141-2144.

[228] ENGELHARDT H, WHALLEY E. The infrared spectrum of ice Ⅳ in the range 4000-400 cm^{-1} [J]. J. Chem. Phys. , 1979, 71 (10): 4050-4051.

[229] SADTCHENKO V, CONRAD P, EWING G E. H$_2$O adsorption on BaF$_2$ (111) at ambient temperatures [J]. J. Chem. Phys. , 2002, 116 (10): 4293-4301.

[230] FAJARDO M E, TAM S. Observation of the cyclic water hexamer in solid parahydrogen [J]. J. Chem. Phys. , 2001, 115 (15): 6807-6810.

[231] ZHAO W H, WANG L, BAI J, et al. Highly confined water: two-dimensional ice, amorphous ice, and clathrate hydrates [J]. Acc. Chem. Res. , 2014, 47 (8): 2505-2513.

[232] WERNET P, NORDLUND D, BERGMANN U, et al. The structure of the first coordination shell in liquid water [J]. Science, 2004, 304 (5673): 995-999.

[233] DEVLIN J P, SADLEJ J, BUCH V. Infrared spectra of large H$_2$O clusters: New understanding of the elusive bending mode of ice [J]. J. Phys. Chem. A, 2001, 105 (6): 974-983.

[234] CATAFESTA J, ALABARSE F, LEVELUT C, et al. Confined H$_2$O molecules as local probes of pressure-induced amorphisation in faujasite [J] . Phys. Chem. Chem. Phys. , 2014, 16 (24): 12202-12208.

[235] HUANG Y, HAVENGA E A. Why do zeolites with LTA structure undergo reversible amorphization under pressure? [J]. Chem. Phys. Lett. , 2001, 345 (1/2): 65-71.

[236] RAVIKOVITCH P I, NEIMARK A V. Density functional theory model of adsorption deformation [J]. Langmuir, 2006, 22 (26): 10864-10868.

[237] COASNE B, HAINES J, LEVELUT C, et al. Enhanced mechanical strength of zeolites by adsorption of guest molecules [J]. Phys. Chem. Chem. Phys. , 2011, 13 (45): 20096-20099.

[238] BALLONE P, QUARTIERI S, SANI A, et al. High-pressure deformation mechanism in scolecite: A combined computational experimental study [J]. Am. Mineral. , 2002, 87 (8/9): 1194-1206.